Fundamentals of Autonomous Vehicles

자율주행 자동차 A to Z

운전은 AI, 진단은 엔지니어

GoldenBell
www.gbbook.co.kr

모빌리티의 혁명,
그 거대한 진화의 흐름 속에서

우리는 지금 단순한 이동의 수단을 넘어, 인류의 삶의 방식을 근본적으로 뒤바꿀 모빌리티 혁명의 한복판에 서 있습니다. 과거 SF 영화 속에서나 보았던 스스로 움직이는 자동차는 이제 인공지능(AI)과 첨단 센서, 그리고 초 연결 통신 기술을 입고 우리 곁에 실체로 다가왔습니다.

자율주행자동차는 단순히 운전자가 핸들에서 손을 떼는 기술적 편리함을 넘어, 교통사고 없는 안전한 사회, 이동의 제약이 없는 보편적 복지, 그리고 도시 공간의 재구성이라는 원대한 목표를 향해 나아가고 있습니다. 하지만 그 이면에는 복잡한 기술적 난제와 윤리적 딜레마, 그리고 법적·제도적 장벽들이 여전히 존재합니다.

이 책은 자율주행 자동차의 퍼즐을 맞추려는 전공 및 비전공자들에게 인간의 손수 운전이 잦아듬에 따라 고장 진단을 찾아가는 순간 포착이다.

이 책이 담고 있는 가치
자율주행의 탄생부터 미래의 모습까지 체계적으로 다룹니다.

기술의 본질을 꿰뚫는 통찰
단순히 기술을 나열하는 데 그치지 않고, 모빌리티의 오감이라 할 수 있는 [인지(Perception)], 두뇌인 [판단(Planning)], 그리고 손발이 되는 [제어(Control)]와 이를 하나로 묶는 디지털 신경망의 원리를 공학적으로 분석하여 전달합니다.

균형 잡힌 시선

기술적 완성도만큼이나 중요한 법적 책임과 윤리적 문제를 심도 있게 다루어, 우리가 기술을 어떻게 수용하고 사회적 합의를 이끌어낼 것인지 함께 고민하고자 합니다.

미래 비즈니스와 일상의 변화

테슬라와 웨이모 같은 글로벌 기업들의 전략부터 자율주행이 가져올 도시 공간의 변화와 일자리 문제까지, 독자들이 미래 사회를 다각도로 조망할 수 있도록 구성했습니다.

모빌리티의 미래를 준비하는 이들에게

기술의 진보 속도는 눈부시게 빠르지만, 결국 그 기술을 설계하고 운용하며 혜택을 누리는 주체는 사람입니다. 이 책이 자율주행 분야를 공부하는 학생들에게는 단단한 학문적 토대가 되고, 새로운 시대를 준비하는 일반 독자들에게는 명쾌한 미래 기술 리포트가 되기를 소망합니다.

이 책이 나오기까지 각별한 격려를 보내준 동료 연구자들과 학생들, 그리고 묵묵히 응원해 준 가족들에게 깊은 감사를 전합니다. 더구나 출판산업이 녹록치 않음에도 발행 해 준 ㈜골든벨 대표이사께 고마움을 표합니다.

2026년 3월

오산대학교 교수 **문 학 훈**

CONTENTS

PART 01
자율주행의 탄생과 진화

PART 02

자동차의 오감과 두뇌
- 핵심 기술 분석

PART **03**

자율주행이 마주한
거대한 장벽

PART 04

비즈니스 전쟁
- 누가 시장을 지배할 것인가?

자율주행의
탄생과 진화

Chapter 01 상상이 현실이 되기까지

1.1 SF 영화 속 자율주행의 역사

인간이 운전대에서 손을 떼는 상상은 자동차의 탄생 직후부터 시작되었다. SF 영화는 기술이 미처 도달하지 못한 영역을 시각화하며, 현대 자율주행 기술 발전에 영감을 주는 나침반 역할을 해왔다. 영화 속 상상력이 어떻게 실제 기술의 토대가 되었는지 시대별로 짚어본다.

그림 1 SF 공상영화 속의 자율주행차

1. 초기적 상상: 기계적 자동화와 마법(1960년대 ~ 1970년대)

이 시기의 영화들은 복잡한 AI 알고리즘보다는 자동차에 영혼이 깃들어 있었으며 설정이나 단순한 기계적 제어에 집중했다.

허비는 러브 버그 (The Love Bug, 1968)로써 자율주행의 기술적 구현보다는 의지를 가진 자동차라는 개념을 대중화하여 스스로 움직이고 판단하는 자동차에 대한 정서적 친밀감을 형성하는 계기가 되었다.

007 시리즈는 제임스 본드의 차량들은 초기부터 원격 조종이나 경로 유지 같은 원시적인 자율주행 기능을 선보이며, 자동차가 단순한 이동 수단을 넘어선 첨단 장비임을 각인시켰다.

그림 2 러브 버그(The Love Bug, 1968)의 허비

2. 지능형 파트너의 등장: AI 카의 전설 (1980년대)

그림 3 전격 Z작전(Knight Rider, 1982)의 KITT

80년대는 컴퓨터 공학의 발전과 함께 인공지능(AI)이라는 개념이 영화에 본격적으로 투영된 시기다.

전격 Z작전 (Knight Rider, 1982)은 자율주행의 역사에서 인공지능 차량 키트(K.I.T.T.)는 독보적인 존재로써 음성 인식, 장애물 회피, 소환(Summon) 기능 등 자율주행자동차가 구현하고자 하는 많은 기능을 이미 40년 전에 예견했다.

키트는 자동차가 단순한 도구가 아닌 인간의 파트너가 될 수 있음을 시각적으로 증명했다.

3. 인프라와 시스템의 통합(1990년대 ~ 2000년대 초반)

이 시기에는 개별 차량의 지능을 넘어, 도시 전체의 교통 인프라와 연결된 자율주행 시스템이 묘사되기 시작해서 토탈 리콜 (Total Recall, 1990)에서는 조니 캡(Johnny Cab)이라는 무인 택시가 등장한다.

로봇 인형이 운전석에 앉아 대화를 나누는 모습은 운전자 없는 자동차에 대한 사회적 거부감을 줄이기 위한 과도기적 상상을 보여주었다. 또한 마이너리티 리포트 (Minority Report, 2002)는 자율주행의 정점을 묘사한 수작으로 꼽힌다.

차량들이 도로 위의 자기장 궤도를 따라 수직과 수평으로 이동하며, 개별 제어가 아닌 시스템에 의한 완벽한 통제를 보여주었다. 이는 현대의 V2X(Vehicle to Everything) 개념이 투영된 극단적인 미래상이다.

그림 4 토탈 리콜의 조니캡

4. 기술적 리얼리즘과 윤리적 질문(2000년대 중반 ~ 현재)

실제 자율주행 기술이 가시화되면서, 영화들 역시 단순한 신기함을 넘어 기술의 한계와 윤리적 딜레마를 다루기 시작했다.

아이, 로봇 (I, Robot, 2004)은 평상시에는 시속 300km로 자율주행을 하지만, 위험 상황이나 인간의 직관이 필요할 때 수동 운전(Manual Mode)으로 전환하는 모습을 보여주었다. 이는 현재의 SAE 레벨 3~4의 과도기적 모습을 가장 흡사하게 묘사했다는 평가를 받는다.

업그레이드 (Upgrade, 2018)는 완전 자율주행 시스템 내부에서 발생할 수 있는 해킹 문제나, AI가 인간의 통제를 벗어났을 때의 공포를 다루며 기술적 진보에 따르는 어두운 이면을 경고했다.

그림 5 아이, 로봇 (I, Robot, 2004)의 아우디RS

영화 속 기능	실제 현대 기술
키트의 [날 데리러 와]	테슬라의 [스마트 섬머닝(Smart Summon)]
마이너리티 리포트의 전용 궤도	C-ITS [차세대 지능형 교통 체계]
아이, 로봇의 수동 전환	Level 3 조건부 자율주행
토탈 리콜의 음성 목적지 설정	MaaS(Mobility as a Service) 및 AI 비서

SF 영화는 자율주행 자동차가 단순한 기술적 성취를 넘어, 인류의 라이프스타일을 어떻게 바꿀 것인지를 예견해왔으며, 과거 스크린 속 상상에 머물렀던 조니 캡이나 키트는 이제 현실의 도로 위로 나와 우리 곁으로 다가오고 있다.

1.2 1920년대 원격 조종 자동차에서 자율주행 자동차까지

인간이 운전대에서 손을 떼려는 시도는 자동차 역사의 초기부터 시작되었다. SF 영화 속 상상이 현실이 되기까지, 지난 100년 동안 자율주행 기술이 걸어온 발자취를 시대별 핵심 사건을 통해 짚어본다.

1. 1920~1930년대: 무선 전파로 움직이는 유령 자동차

자율주행의 시초는 인공지능이 아닌 무선 조종이었다.

1925년, 후디나 라디오 컨트롤(Houdina Radio Control)사는 뉴욕 시내에서 린리컨 원더(Linrrican Wonder)라는 이름의 차량을 선보였는데 뒤따라가는 차량에서 무선 전파를 보내 앞차의 회로를 제어하는 방식이었다. 비록 스스로 판단하는 기능은 없었으나, 운전석에 사람 없는 차가 움직일 수 있다는 사실을 대중에게 각인시킨 사건이었다.

1939년 뉴욕 박람회에서 GM은 퓨처라마(Futurama) 전시를 통해 도로에 매설된 전자기 회로를 따라 움직이는 자동화 도로 시스템을 제안하며, 미래의 교통 체계를 예견했다.

그림 6 린리컨 원더(Linrrican Wonder)

2. 1970~1980년대: 카메라의 눈을 갖기 시작한 자동차

진정한 의미의 컴퓨터 기반 자율주행은 1970년대 일본에서 싹을 틔웠다.

일본 쓰쿠바 기계공학 연구소(1977)에서 세계 최초로 카메라를 이용해 도로 표지판을 인식하며 시속 30km로 주행하는 데 성공했다.

컴퓨터가 시각 정보를 받아 판단을 내린 첫 사례이며 유럽의 프로메테우스 프로젝트(1980년대) 메르세데스-벤츠는 에른스트 딕만스 교수팀과 협력하여 바바(VaMoRs)라 불리는 자율주행 밴을 개발했다.

이 차량은 당시 컴퓨터 기술로 시속 100km에 가까운 고속도로 주행을 성공시키며 전 세계를 놀라게 했다.

그림 7 바바(VaMoRs) 자율주행 밴

3. 2000년대: DARPA 그랜드 챌린지와 기술의 도약

현대 자율주행 기술의 실질적인 뿌리는 미국 국방고등연구계획국(DARPA)이 주최한 그랜드 챌린지에 있다.

이 대회는 군사적 목적에서 시작되었으나 민간 자율주행 기술을 수십 년 앞당기는 결과를 낳았으나 2004년의 굴욕적인 실패 사례인 첫 대회는 모하비 사막 240km 구간을 달리는 것이었으나, 참가팀 중 누구도 완주하지 못했다.

가장 멀리 간 차량이 고작 11.9km 지점에서 바위에 걸려 멈췄을 만큼 당시 기술은 조악했으나 2005년의 반전과 스탠리는 불과 1년 뒤, 세바스찬 스런 교수가 이끄는 스탠퍼드 대학팀의 스탠리(Stanley)가 사막 코스를 완주하며 우승을 차지했다.

총 5팀이 완주에 성공하며 기계가 스스로 험난한 지형을 돌파할 수 있다는 사실을 전 세계에 증명했고 2007년 어반 챌린지(Urban Challenge)에서는 사막에서 가상의 도시로 옮겨졌다.

다른 차량과의 상호작용, 교통 법규 준수, 교차로 통과 등 훨씬 복잡한 과제가 주어졌는데 카네기 멜런 대학팀이 우승을 차지하며 자율주행의 무대가 일반 도로로 확장될 수 있음을 시사했다.

이 대회에 참여했던 핵심 인력들은 이후 구글(웨이모), 테슬라, 현대차 등 글로벌 기업의 자율주행 팀으로 흩어져 현재의 산업 생태계를 구축했다. 이때부터 라이다(LiDAR), 레이더, 고정밀 GPS가 자율주행의 핵심 부품으로 자리 잡기 시작하여 현재 구글 웨이모와 현대차 등 주요 기업들의 자율주행 기술 뿌리가 바로 이 대회에 있다.

그림 8 스탠포드대학의 스탠리

4. 2010년대~현재: AI와 빅데이터의 결합, 그리고 테슬라

2010년대에 들어서며 자율주행은 단순한 알고리즘을 넘어 딥러닝(Deep Learning)의 영역으로 진입했다. 구글의 웨이모는 2009년부터 비밀리에 자율주행 프로젝트를 시작하며 정밀 지도와 센서 융합 중심의 정석적인 자율주행 모델을 제시했다. 또한 테슬라는 고가의 라이다 대신 저렴한 카메라와 방대한 실전 주행 데이터를 학습시키는 비전 전용 방식을 채택했다.

최근에는 인식부터 제어까지 하나의 신경망으로 처리하는 엔드-투-엔드(End-to-End) AI 기술을 도입하며 기술 격차를 벌리고 있다.

그림 9 테슬라 로보택시

그림 10 구글 웨이모

[참고] 자율주행 기술의 세대별 진화

시대	핵심 기술	특징
1920s	무선 전파 (Radio)	외부 원격 조종
1970s	초기 컴퓨터 비전	카메라 기반 차선 인식 시작
2000s	센서 퓨전 (라이다 중심)	복잡한 지형지물 회피 가능
현재 (ADAS)	복합 센서 제어	레벨 2 운전자 보조 대중화
정밀 기술	HD Map / V2X	사각지대 및 인프라 연동 주행
테슬라 방식	Vision Only / E2E AI칩셋	데이터 기반의 자기주도적 AI 진화
미래 기술	E2E 딥러닝 / MPC 제어	인간의 직관과 물리 법칙을 결합한 지능형 운전

* HD Map(High Density Map); 고정밀지도, V2X(Vehicle to Everything): 다중차량정보, MPC(Model Predictive Control): 모델 예측 제어

지난 100년의 역사는 기계적 제어에서 데이터 기반 지능으로 가는 과정이었다. 이제 자율주행은 차량 한 대의 지능을 넘어, 도시 전체가 실시간으로 소통하는 커넥티드 모빌리티(Connected Mobility)로 진화하며 사고 제로의 시대를 꿈꾸고 있다.

Chapter 02 자율주행의 6단계(SAE 기준)

완전 자율주행으로 가기 전, 우리는 이미 자율주행 기술의 초기 단계를 일상에서 경험하고 있다. 이를 ADAS(첨단 운전자 보조 시스템, Advanced Driver Assistance Systems)라고 부르며, ADAS의 보급은 자동차 안전의 패러다임을 바꿨다. 과거의 안전이 사고 발생 후 피해를 최소화하는 수동적 안전(에어백, 안전벨트)에 머물렀다면, ADAS 시대는 사고 자체를 미연에 방지하는 능동적 안전의 시대를 열었다. 이 단계에서 축적된 센서 데이터와 제어 알고리즘은 레벨 3 이상의 고단계 자율주행으로 넘어가는 핵심 자산이 되었다. 단계별 분류는 미국 자동차공학회(SAE International)에서 분류한 자율주행 6단계(레벨 0~5)는 현재 전 세계 자동차 제조사와 정부 기관이 기술 수준을 정의하는 표준 지표로 사용되고 있으며, 분류의 핵심은 누가 운전하는가(주체)와 어떤 상황에서 가능한가(범위)이다.

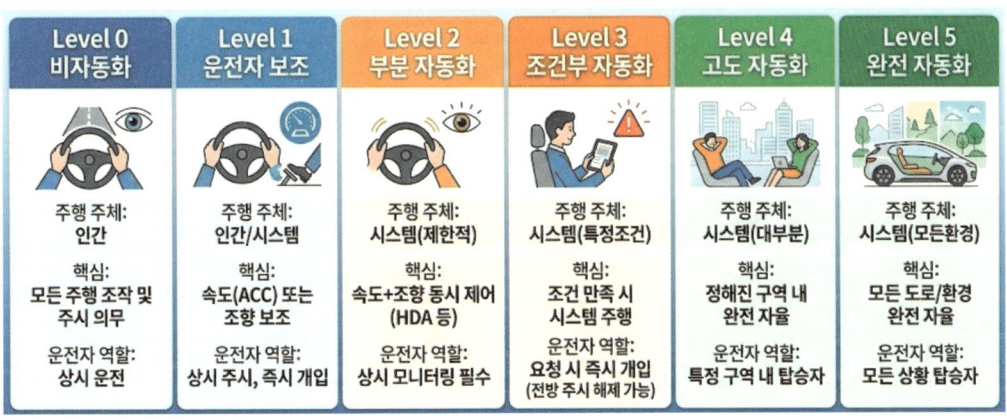

그림 11 SAE 자율주행 6단계 핵심요약

1. 레벨 0: 수동 운전과 단순 경고(비 자동화)

이 단계에서는 시스템이 차량을 직접 제어하지 않는다. 오직 인간만이 운전의 주체다. 다만, 센서가 위험을 감지하여 운전자에게 시각, 청각, 촉각적 경고를 보낸다.

주요 기능으로는 전방 충돌 경고(FCW), 차선 이탈 경고(LDW), 사각지대 경고(BSW) 등, 사고가 날 것 같으면 [삐비빅] 경보 소리를 내거나 핸들에 진동을 주어 운전자가 직접 조치하게 유도한다.

2. 레벨 1: 발 혹은 손의 자유(운전자 보조)

시스템이 조향(핸들)이나 가감속(가속/브레이크) 중 어느 하나를 선택적으로 제어하는 단계다. 운전자는 여전히 주도권을 쥐고 있어야 하지만, 특정 상황에서 피로도를 낮출 수 있다.

주요 기능으로는 어댑티브 크루즈 컨트롤(ACC), 차로 유지 보조(LKA) 등. 발을 떼고도 앞차와의 거리를 유지하거나(ACC), 손을 떼고도 차선을 따라 미세하게 핸들이 돌아가는 경험을 제공한다. 하지만 두 기능을 동시에 수행하지는 못한다.

3. 레벨 2: 발과 손의 일시적 자유(부분 자동화)

현재 대부분의 신차에 탑재된 기술 수준이다. 시스템이 조향과 가감속을 동시에 제어하며 고속도로 주행 보조(HDA)나 테슬라의 오토파일럿이 대표적이다.

주요 기능으로는 차로 유지 및 전방 차량 간격 자동 조절, 자동 차선 변경 지원 등. 고속도로처럼 규격화된 도로에서 차가 알아서 커브를 돌고 속도를 맞춘다. 하지만 법적, 기술적 책임은 여전히 운전자에게 있으며, 시스템은 운전자가 핸들을 잡고 전방을 주시하는지 끊임없이 감시한다.

1. 레벨 3: 기술의 주체가 인간에서 기계로 넘다.

자율주행 기술의 역사에서 책임의 주체가 인간에서 기계로 넘어가는 첫 번째 단계라는 점에서 매우 중요한 분기점이다. 단순히 기술의 고도화를 넘어 법적, 윤리적 논쟁의 중심에 있다. 주요 기능으로는 특정 조건에서의 전방 주시 해제이며 레벨 3의 핵심은 설계 주행 영역(ODD) 내에서 시스템이 주행의 모든 것을 전담한다는 점이다. Eyes-off 주행은 주로 고속도로 정체 구간(Traffic Jam Pilot) 등 특정 환경에서 활성화된다.

이 모드에서는 운전자가 핸들을 잡지 않을 뿐만 아니라, 전방을 주시하지 않고 스마트폰을 보거나 책을 읽는 행위가 기술적으로 허용된다. 시스템이 주변 차량의 흐름, 장애물 등을 완벽히 인지하여 가감속과 조향을 결정한다.

2. 레벨 3의 치명적인 딜레마: 제어권 전환(Handover)

레벨 3의 가장 큰 문제는 시스템이 한계 상황(공사 구간 등장, 악천후, 센서 오류 등)에 도달했을 때 발생한다. 이때 시스템이 문제가 생기면 운전자에게 즉시 제어권 전환 요청(TOR, Takeover Request)을 보낸다. 하지만 딴짓을 하던 운전자가 0.1초 만에 도로 상황을 파악하고 운전대를 잡는 것은 생리적으로 매우 어렵다. 시스템에 운전을 맡긴 인간의 뇌는 급격히 휴식 모드로 들어가며, 돌발 상황 발생 시 수동 운전보다 반응 속도가 현저히 늦어지는 자동화의 역설이 발생한다.

3. 법적 책임: 사고가 나면 누구 잘못인가?

레벨 3 차량의 사고 책임은 주행 상태에 따라 복잡하게 나뉜다. 자율주행 모드가 정상적으로 작동 중일 때 시스템의 판단 착오로 사고가 났다면, 원칙적으로 제조사가 책임을 진다.

이는 자동차 보험 체계의 근간을 흔드는 변화다. 다만 시스템이 운전대를 잡으라고 경고했음에도 운전자가 이에 응하지 않아 사고가 났다면, 책임은 다시 운전자에게 귀속된다. 이때 경고 후 몇 초까지를 인간의 대응 시간으로 인정할 것인가가 법적 분쟁의 핵심이다.

2.3 레벨 4~5: 운전자가 사라진 공간, 무인 자동차의 완성

레벨 4와 레벨 5는 인류가 오랫동안 꿈꿔온 진정한 무인 자동차의 시대다. 이 단계부터는 운전자라는 개념 자체가 희미해지며, 자동차는 단순한 이동 수단을 넘어 움직이는 생활 공간으로 변모한다.

1. 레벨 4 (고도 자동화): Mind-off와 특정 지역의 지배자

레벨 4는 특정 조건(ODD, 특정 지역이나 특정 기상 상황) 내에서 운전자의 개입이 전혀 필요 없는 단계다. 시스템이 모든 위험 상황에 스스로 대처하므로, 사용자는 잠을 자거나 업무를 보아도 무방하다. 시스템은 비상 상황에서도 스스로 안전하게 갓길에 정차하는 능력을 갖춘다.

웨이모(Waymo)나 죽스(Zoox) 같은 로보택시 서비스가 대표적인 예다. 정해진 도시 구역 내에서는 핸들 없는 차량이 승객을 실어 나른다.

2. 레벨 5 (완전 자동화): 유니버셜 오토메이션

레벨 5는 시간, 장소, 기상 조건의 제약 없이 인간 운전자가 갈 수 있는 모든 곳을 시스템이 주행할 수 있는 단계다. 운전석, 핸들, 가속 페달이 완전히 사라진다. 차량 내부는 침실, 사무실, 영화관 등으로 자유롭게 구성된다.

어린아이, 노약자, 장애인 등 운전 면허가 없는 사람들도 자유롭게 차량을 호출하여 이동할 수 있는 진정한 이동의 평등이 실현된다.

3. 기술적 도전과 사회적 합의

엣지 케이스(Edge Case)는 갑작스러운 산사태, 예측 불가능한 보행자의 돌출 행동 등 데이터화되지 않은 극단적인 상황에서도 기계가 인간 이상의 판단을 내릴 수 있는지가 관건이다. MaaS(Mobility as a Service)는 레벨 4 이상의 차량은 소유보다 공유에 최적화되어 있다. 이는 거대한 주차장이 사라지고 도시 설계 자체가 바뀌는 혁명을 예고한다.

PART 02

자동차의
오감과 두뇌
핵심 기술 분석

Chapter 03 자동차 자율주행 시스템의 핵심 구성 및 작동 원리

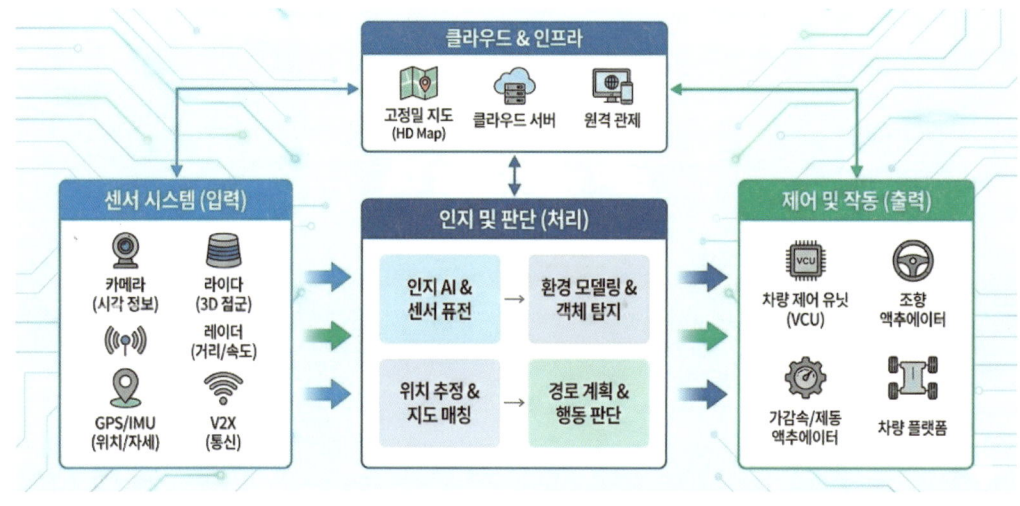

그림 12 자율주행 자동차 시스템의 구조

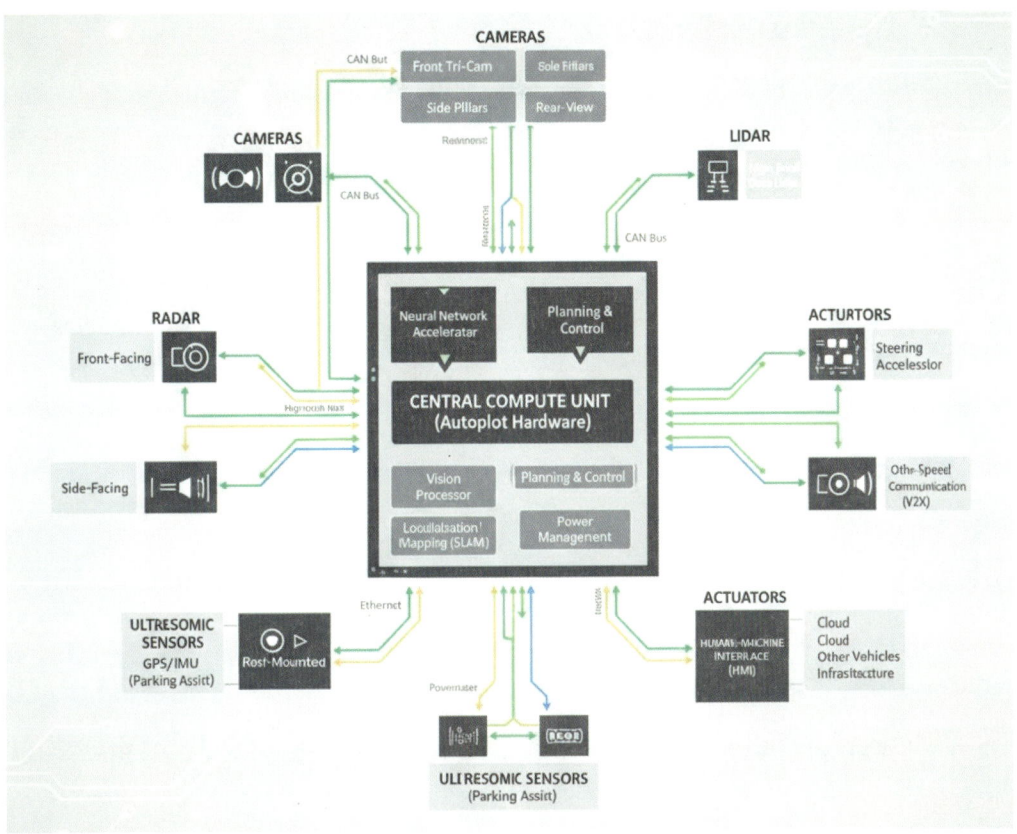

그림 13 자율주행 자동차의 내부 처리 프로세스

자율주행 시스템은 운전자의 개입 없이 차량 스스로 주변 환경을 인식하고, 안전한 경로를 계획하며, 차량의 움직임을 제어하는 복잡한 시스템 아키텍처를 가지고 있다.

이는 크게 인지(Perception), 판단(Decision), 제어(Control)의 3단계로 구분하게 된다. 이런 것들을 서로 연결 하고 데이터를 전달하기 위해 자율주행 디지털 신경망(Digital Nervous System)을 통해 작동이 된다.

구성에는 플랫폼, 통신, 보안, 고성능 지도, 클라우드가 있으며 모든 것이 서로 서로 유기적으로 작동이 될 때 비로소 자율주행 자동차가 구동되는 것이다.

3.2 센서, 인지 단계(Sensing / Perception Layer)_자동차의 눈과 귀, 피부

주변 사물, 도로 상황, 그리고 차량의 현재 위치를 정확하게 파악하는 단계이다.

1. 센서 하드웨어 (Sensors)

카메라(Camera)는 차선, 표지판, 신호등, 보행자의 형태를 인식한다. 인간의 눈과 가장 유사하며 객체의 색상과 형태 정보를 제공한다. 레이더(Radar)는 전파를 발사하여 사물과의 거리와 상대 속도를 측정한다. 악천후(안개, 폭우)나 야간에도 성능이 일정하다. 라이다 (LiDAR)는 레이저를 발사하여 주변 환경을 3D 점군(Point Cloud) 데이터로 변환하고 정밀한 거리 측정과 지형 맵핑에 탁월하다.

초음파 센서(Ultrasonic)의 경우는 주로 근거리 장애물을 감지하며 주차 보조 기능에 활용된다.

2. 측위 및 통신 (Localization & V2X)

GPS / GNSS는 위성 신호를 통해 차량의 대략적인 위치를 파악하고 IMU (관성 측정 장치)는 차량의 가속도와 회전각을 측정하여 GPS 오차를 보정하게 된다.

HD 맵 (고정밀 지도)는 센티미터 단위의 도로 정보를 담은 지도로, 센서가 보지 못하는 사각지대를 보완한다. V2X (Vehicle to Everything)는 차량이 다른 차량(V2V)이나 도로 인프라(V2I)와 직접 통신하여 정보를 주고받게 된다.

3.3 계획, 판단, 동작 수행준비 단계(Planning/Decision/Motion Layer) 자동차의 두뇌

인지된 데이터를 바탕으로 현재 상황을 분석하고 주행 전략을 수립하는 단계이다.

1. 상황 예측 및 분석

객체 분류 및 추적은 주변 물체가 보행자인지, 차량인지 분류하고 이동 방향을 예측하고, 충돌 가능성이나 돌발 상황(갑작스러운 끼어들기 등)을 실시간으로 계산하게 된다.

2. 경로 계획 (Path Planning) / 동작 수행 준비계획(Motion Planning)

(1) 전역 경로 계획 (Global Planning)

목적지까지의 전체적인 경로(내비게이션 수준)를 설정하고, 지역 경로 계획 (Local Planning)은 전방의 장애물을 피하거나 차선을 변경하기 위한 수 초 단위의 세부 궤적을 생성하게 된다. 동작 수행 단계(Motion Planning) 전에 AI 및 기계학습은 최근에는 엔드-투-엔드(End-to-End) 신경망을 통해 영상 데이터를 즉시 주행 명령으로 변환하는 기술이 도입되고 있다.

3.4 제어 단계(Control Layer)_자동차의 손과 발, 팔

계획된 경로를 따라 차량을 물리적으로 움직이게 하는 단계이다.

1. 액추에이터 제어(Actuators)

가감속 제어는 엔진 출력(또는 모터 토크)과 브레이크 유압을 조절하여 속도를 제어한다. 조향 제어(Steering)는 스티어링 랙 모터를 구동하여 앞바퀴의 조향각을 조절한다.

2. 차량 동역학 피드백

설정된 목표 경로와 실제 차량의 움직임 사이의 오차를 실시간으로 계산하여 보정하게 되며 노면 상태나 바람의 영향 등을 고려하여 안정성을 유지하게 된다.

3.5 디지털 신경망(Digital Nervous System)_ 통신, 지도 및 클라우드, 플랫폼, 안전보안

자율주행자동차는 단순히 스스로 움직이는 기계가 아니다. 차량 내부의 고성능 컴퓨터와 외부의 클라우드, 그리고 주변의 모든 사물이 거대한 네트워크로 연결되어 실시간으로 정보를 주고받는 디지털 지능체 이다. 보이지 않는 연결망을 인간의 신경계에 비유하면 이해하기 쉽다.

1. 통신 계층(The Nerves: V2X)

차량이 외부 세계와 대화하는 통로이다. V2V (차량-차량 간)는 주변 차량과 위치 및 속도를 공유하여 추돌을 방지한다. V2I (차량-인프라)은 신호등 정보나 도로 공사 상황을 실시간으로 전달받아 활용한다. V2N (차량-네트워크)은 초고속 통신망을 통해 방대한 데이터를 서버와 주고받아 활용하게 된다.

2. 지도 및 클라우드(The Memory: Cloud Brain)

차량 한 대의 능력을 넘어 집단 지성을 활용하는 공간이며, 정밀 지도 (HD Map)는 단순한 길 안내를 넘어 도로의 경사도, 신호등 높이까지 cm 단위로 기억하는 정밀한 기억이다. 실시간으로 업데이트되는 사항은 다른 차량이 발견한 사고나 장애물 정보가 즉시 클라우드에 공유되어 내 차의 신경망으로 전달되게 된다.

3. 플랫폼 계층 (The Brain: Computing Unit)

수집된 모든 정보를 0.1초 만에 분석하여 주행 전략을 짜는 두뇌이다. 데이터를 통합하는데 카메라, 레이더, 지도의 정보를 하나로 합쳐 상황을 입체적으로 이해하게 된다. 학습과 진화를 하는 인공지능(AI)은 수천만 번의 주행 데이터를 학습하여 인간보다 더 나은 판단을 내리도록 진화하여 작동하게 된다.

4. 안전 보안 (The Immune System: Cybersecurity)

외부의 공격으로부터 신경망을 보호하는 면역 체계가 되며 해킹 방지를 위해 누군가 차량의 조향 장치를 해킹하려 할 때 이를 즉시 차단되고, 오가는 데이터가 조작되지 않았음을 보증하여 전체 시스템의 신뢰성을 유지하게 된다.

[참고] 인간과 자율주행 자동차 시스템 구조 비교

인간	자율주행차	구성요소	주요역할	핵심기술.예시
눈, 귀, 피부, 혀	센서 (Sensing)	카메라	차선, 신호등, 객체 인식	RGB/IR 카메라, 컴퓨터 비전
		라이다(LiDAR)	3D 거리 · 형상 인식	포인트 클라우드, SLAM
		레이다(Radar)	속도 · 거리 측정 (악천후 강점)	FMCW 레이다
		초음파 센서	근거리 장애물 감지	주차 보조
	인지 (Perception)	객체 인식	차량 · 보행자 · 표지판 인식	딥러닝 (CNN, Transformer)
		위치 추정	차량의 정확한 위치 파악	GPS, IMU, 센서 퓨전
		환경 인식	도로 · 차선 · 주변 상황 이해	복합 센서융합
두뇌	판단 계층 (Planning / Decision / Motion)	경로 계획	목적지까지 최적 경로 생성	Global / Local Planning
		행동 결정	가속 · 감속 · 차로 변경 판단	규칙 기반 + AI학습 (Rule Based/AI칩셋)
		동작 수행준비	제어 계측 동작 수행 준비	규칙 기반 + AI학습 (Rule Based/AI칩셋)
손, 팔, 다리	제어 계층 (Control)	조향 제어	핸들 조작	알고리즘 제어 (PID, MPC)
		가감속 제어	브레이크 · 엑셀 제어	자동차 동작제어 (Vehicle Dynamic)

인간	자율주행차	구성요소	주요역할	핵심기술.예시
몸통, 혈관, 장기, 뇌	플랫폼 계층 (Computing)	차량용 컴퓨터	실시간 연산 처리	ECU, GPU, AI SoC
		운영체제(OS)	시스템 안정성 보장	AUTOSAR, QNX
	통신 계층 (Communication)	V2X	차량-차량/인프라 통신	V2V, V2I, 5G
	안전 · 보안 (Safety&Security)	기능 안전	고장 시 안전 확보	ISO 26262
		사이버 보안	해킹 방지	암호화, 인증
	지도 · 클라우드 (HD Map&Cloud)	HD 지도	차선 단위 정밀 지도	HD Map
		클라우드	학습 · 업데이트	OTA, 데이터 수집

Chapter 04 센서, 인지 단계(Sensing / Perception Layer):
자동차의 눈과 귀, 피부

4.1 카메라(Vision): 차선, 신호등, 객체인식

자율주행 레벨을 높이기 위한 기술적 접근에서 가장 독보적이고 논쟁적인 기업은 단연 테슬라다. 일론 머스크는 고가의 라이다(LiDAR)를 배제하고 오직 카메라(Vision Only)만으로 인간 수준의 자율주행을 구현하겠다는 고집을 꺾지 않고 있다.

테슬라 기술의 진수는 비각성 학습 혹은 섀도우 모드(Shadow Mode)라 불리는 데이터 수집 방식에 있다. 전 세계 수백만 대의 테슬라 차량이 주행하는 동안, 자율주행 AI는 백그라운드에서 끊임없이 내가 운전자라면 어떻게 했을까?를 시뮬레이션한다.

AI의 판단과 실제 인간 운전자의 조작이 다를 경우, 해당 데이터를 서버로 전송해 AI를 재학습시킨다. 운전자가 개입하지 않는 순간에도 시스템은 인간의 운전 패턴을 모방하며 스스로 정교해진다. 이는 라벨링된 데이터 없이도 학습 효율을 극대화하는 자기주도 학습(Self-Supervised Learning)의 정점이다.

인간이 오직 두 눈(시각)과 두뇌(판단)만으로 운전하듯, 자동차도 8개의 카메라로 주변을 보고 강력한 AI 칩으로 이를 해석하면 충분하다는 논리다. 차량 제작 단가를 획기적으로 낮춰 자율주행의 대중화를 앞당겼다. 그러나 악천후나 직사광선 등 시야 확보가 어려운 상황에서의 인지 정확도를 AI가 얼마나 보충하느냐가 핵심이다.

■ 카메라의 개요

자율주행 자동차에서 카메라는 인간의 눈에 해당하는 핵심 센서이다. 레이더(Radar)나 라이다(LiDAR)가 사물의 거리와 위치를 파악한다면, 카메라는 사물의 형태와 의미를 읽어내는 유일한 감각 기관이다.

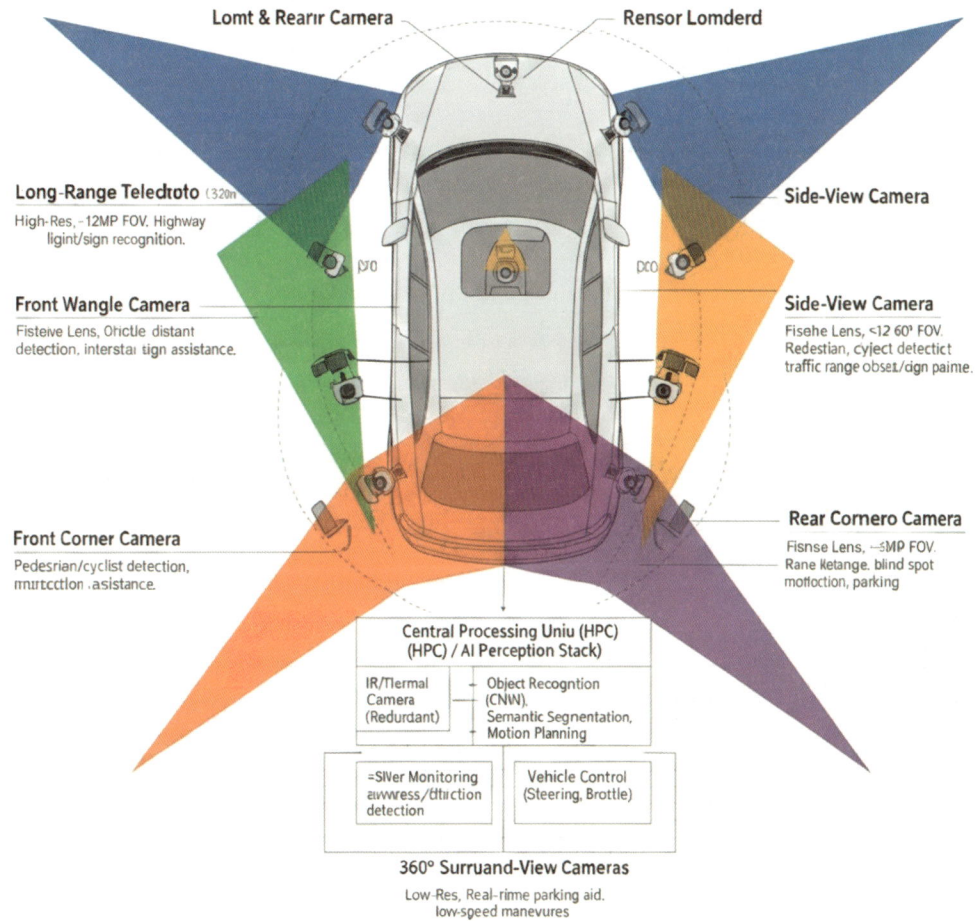

그림 14 자율주행차 다중 카메라 장착범위

1. 카메라의 주요 역할 및 기능

카메라는 다른 센서가 수행할 수 없는 시각적 맥락 파악에 특화되어 있다.

(1) 객체 분류(Object Classification)

단순히 앞에 무언가 있다는 것을 넘어, 그것이 차량인지, 보행자인지, 혹은 자전거인지 구분한다.

(2) 색상 및 텍스트 인식

신호등의 색상 변화, 도로 위 표지판의 글자, 바닥에 적힌 제한 속도 등을 인식한다.

(3) 정밀 차선 인식

도로의 경계와 차선을 파악하여 차량이 차로 중앙을 유지하거나 차선을 변경할 수 있는 기준을 제공한다.

(4) 거리 추정(Depth Estimation)

스테레오 카메라나 AI 딥러닝을 통해 단일 카메라(Monocular)로도 사물과의 거리를 계산하기도 한다.

그림 15 카메라의 내부구조   그림 16 카메라 데이터처리 프로세스

2. 카메라의 하드웨어 구조

카메라 시스템은 크게 세 가지 물리적 구성 요소로 나뉘게 된다.

(1) 렌즈(Lens)

외부의 빛을 모아 이미지 센서로 전달하고, 자율주행 자동차는 광각 렌즈(주변 감시)와 망원 렌즈(원거리 감시)를 혼합하여 사용한다.

(2) 이미지 센서(CMOS Sensor)

렌즈를 통해 들어온 빛(광자)을 전기적 신호(전하)로 변환하며 수백만 개의 픽셀이 각각의 밝기와 색상 정보를 디지털 데이터로 바꿔주게 된다.

(3) 이미지 처리 장치(ISP, Image Signal Processor)

센서에서 들어온 가공되지 않은 데이터(Raw Data)를 보정하며, 노이즈 제거, 선명도 조절, 그리고 터널 입구처럼 명암 차이가 극심한 곳에서도 잘 보이게 만드는 고 다이내믹 레인지(HDR) 처리를 수행하는 역할을 한다.

3. 작동 원리: 영상이 지능이 되기까지

카메라가 찍은 사진이 자율주행의 판단 근거가 되는 과정은 3단계로 이루어져 있다.

(1) 1단계: 전처리 및 특징 추출(Pre-processing)

입력된 영상에서 노이즈를 없애고 차선이나 물체의 테두리(Edge) 같은 중요한 특징을 도출합니다. 픽셀 간의 밝기 차이를 분석하여 사물의 윤곽선을 명확히 한다.

(2) 2단계: 딥러닝 기반 분석(AI Perception)

오늘날 자율주행 카메라는 CNN(Convolutional Neural Network, 합성곱 신경망)이라는 AI 기술을 주로 사용한다. 합성곱(Convolution)은 영상의 작은 조각들을 훑으며 패턴(바퀴 모양, 사람의 형상 등)을 찾으며, 풀링(Pooling)은 핵심 정보를 압축하여 데이터 처리 속도를 높이게 된다. 그렇게 받은 데이터는 수만 장의 사진을 학습한 AI가 99% 확률로 전방에 보행자가 있다고 결론을 내리게 된다.

(3) 3단계: 의미론적 분할(Semantic Segmentation)

카메라는 화면의 모든 픽셀에 의미를 부여한다. (이 픽셀은 도로다), (이 픽셀은 나무다), (이 픽셀은 인도다)라는 식으로 구분하여 차량이 가야 할 공간과 가지 말아야 할 공간을 완벽히 분리하게 된다.

4. 구체적 인식 메커니즘

인식대상	작동원리	핵심기술
차선	도로 표면의 밝기 대비(Contrast)를 이용해 흰색/노란색 선의 에지를 추출하고 곡선 모델링을 통해 차선 궤적을 예측함	허프변환(Hough Transform), 칼만필터
신호등(Signal)	지도 데이터(HD Map)를 기반으로 신호등이 있을 위치를 미리 정해두고(ROI 설정), 해당 영역 내의 색상 픽셀 농도를 분석함	딥러닝 분류기 (Classifier)
객체(Object)	사물의 형태적 특징을 추출하여 바운딩 박스(Bounding Box)를 씌우고, 시간에 따른 이동 궤적을 추적함	YOLO(You Only Look Once), SSD

5. 카메라의 한계와 극복

카메라는 시각에 의존하기 때문에 태생적인 약점이 있다. 폭우, 짙은 안개, 야간 주행 시 인식률 저하, 역광 상황에서의 눈부심 현상이 발생한다.

센서 퓨전 (Sensor Fusion)을 사용하여 카메라가 못 보는 안개 속은 레이더가 보고, 밤길은 라이다가 보완하여야 한다. 아주 적은 빛으로도 선명한 영상을 뽑아내는 저조도 특화 센서(초고감도 센서)를 도입하여야 한다.

카메라는 자율주행 자동차가 세상을 이해하게 만드는 가장 강력한 도구이다. 단순히 촬영 장치를 넘어, 고도의 인공지능과 결합하여 도로 위의 복잡한 질서와 맥락을 읽어내는 디지털 시각 지능의 결정체라고 할 수 있다.

라이다(LiDAR): 3D 거리, 형상인식

테슬라를 제외한 웨이모, 현대차, 벤츠 등 대부분의 진영은 카메라에 더해 라이다 (LiDAR)와 레이더(Radar)를 동시에 사용하는 센서 퓨전 전략을 취한다. 두 센서는 세상을 읽는 물리적 방식이 근본적으로 다르다.

1. 라이다의 개요

라이다(LiDAR:Light Detection and Ranging)는 빛으로 그린 정밀한 3D 지도이며 라이다는 레이저 펄스를 쏘아 물체에 맞고 돌아오는 시간을 측정한다. 수백만 개의 레이저 점을 찍어 주변 환경을 점군(Point Cloud)데이터로 변환한다.

사물의 형태, 거리, 각도를 센티미터 단위로 정확하게 파악할 수 있다. 그러나 눈이나 비, 안개 같은 입자가 레이저를 산란시키면 정확도가 급격히 떨어진다. 무엇보다 센서 가격이 매우 비싸다는 것이 양산의 최대 걸림돌이다.

(1) 라이다의 주요 역할 및 기능

라이다는 주변 환경의 디지털 복사본을 실시간으로 만드는 데 최적화되어 있다.

① 고정밀 3D 맵핑(3D Mapping)은 주변 환경을 수백만 개의 점(Point Cloud)으로 구성된 3차원 지도로 시각화하여 지형지물을 입체적으로 인식하게 된다.

② 센티미터급 거리 측정은 레이저를 사용하기 때문에 레이더보다 훨씬 정밀하게 사물과의 거리를 측정할 수 있다.

③ 자기 위치 추정(Localization)은 정밀 지도(HD Map)와 현재 라이다 데이터를 비교하여 차량이 도로 위 어느 차선, 어느 위치에 있는지 정확히 파악하게 된다. 장애물 분류 및 예측은 움직이는 객체의 크기와 모양을 실시간으로 파악하여 보행자나 차량의 다음 움직임을 예측하는 근거 데이터를 제공하게 된다.

(2) 라이다의 하드웨어 구조

라이다 시스템은 광학 기술과 정밀 기계 공학의 결합체이다.

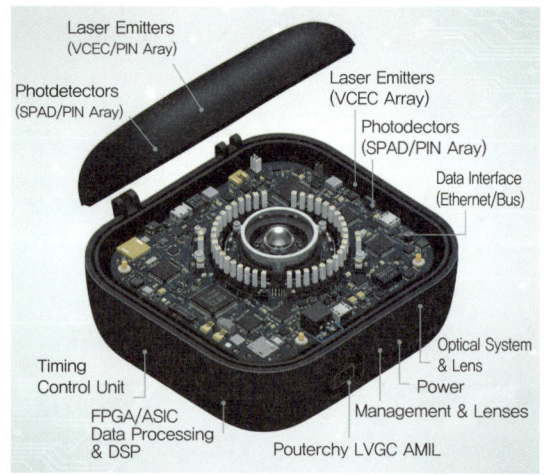

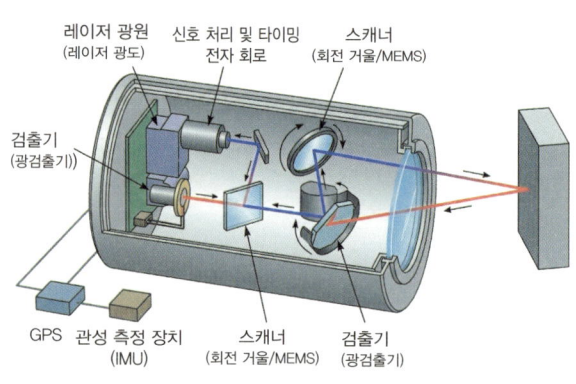

그림 17 라이다의 내부구조(1)   **그림 18** 라이다의 내부 구조(2)

① **레이저 송신부 (Laser Emitter)**: 특정 파장(보통 905nm 또는 1550nm)의 적외선 레이저 펄스를 수만 번 발사한다. 스캐닝 메커니즘 (Scanning Mechanism)은 레이저를 주변 360° 또는 전방 일정 각도로 퍼뜨리는 장치이다.

② **기계식 (Mechanical)**: 타입은 모터로 미러를 회전시켜 전방위를 감시한다.

③ **고정식 (Solid-State)**: 움직이는 부품 없이 반도체 칩 기술을 사용하여 레이저를 굴절시키며, 내구성이 높고 가격이 저렴하다.

④ **수신부 (Receiver / Photodetector)**: 사물에 맞고 돌아온 미세한 레이저 빛을 감지하고 주로 APD(Avalanche Photodiode) 센서가 사용된다.

⑤ **연산부 (Processing Unit)**: 발사 시간과 수신 시간의 차이를 계산하여 거리를 도출하고, 이를 바탕으로 데이터 포인트(Point)를 생성한다.

(3) 작동 원리: 빛으로 거리를 재는 법 (ToF)

라이다의 가장 기본적인 원리는 ToF (Time of Flight, 비행시간 측정) 방식이다.

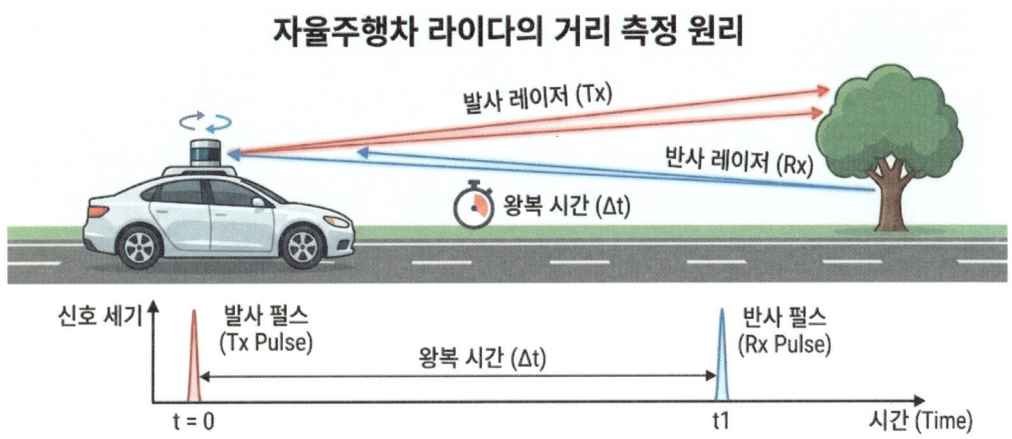

그림 19 라이더 지형지물 거리측정

① 1단계 : 레이저 발사 및 반사

센서에서 발사된 빛은 초속 약 30만km (약 3×10^8 m/s)로 이동하여 초당 수십만 개
의 레이저 펄스가 빛의 속도로 나아가 주변 사물(차량, 보행자, 건물 등)에 부딪힌다.

② 2단계 : 시간 차 측정

사물에 반사되어 돌아오는 빛을 수신부에서 포착하고 이때 레이저가 나갔다가 돌
아오는 데 걸린 시간(t)을 나노초(ns) 단위로 정밀하게 기록한다.

③ 3단계 : 거리 계산

빛의 속도(c)를 알고 있으므로, 다음 공식을 통해 거리를 계산하는데 왕복 거리이
므로 2로 나누어 사물과의 거리(d)를 구한다.

$$d = c \cdot t/2$$

d : 거리 , c : 빛의 속도 , t : 레이저가 나갔다가 돌아오는 데 걸린 시간

④ 4단계 : 점군(Point Cloud) 생성

계산된 수만 개의 거리 정보를 좌표계 상에 찍으면 사물의 형태를 띤 점군 데이터 (Point Cloud)가 형성되며, 이를 통해 AI(인공지능)는 전방 50.5cm 지점에 차량의 뒷 범퍼가 있다는 사실을 입체적으로 이해하게 된다.

(4) 라이다의 장점과 기술적 도전

구분	주요항목	세부내용
장점 (Advantages)	초정밀 인지	센티미터(cm) 단위의 오차로 사물의 거리와 형태를 3D로 완벽히 복제함
	조도 독립성	스스로 빛(레이저)을 쏘기 때문에 완전한 어둠이나 역광에서도 인식률이 동일함
	입체 정보	사물의 높이, 넓이, 부피를 실시간 계산하여 카메라의 2D 한계를 극복함
기술적 도전 (Challenges)	경제성 확보	고가의 광학 소자와 정밀 센서 사용으로 인해 제조 단가가 매우 높음 (양산의 최대 걸림돌)
	환경 취약성	눈, 비, 안개 등 기상 악화 시 레이저가 신란되어 인식 거리가 급격히 짧아짐.
	데이터 과부하	초당 생성되는 방대한 3D 데이터를 실시간으로 처리하기 위한 고성능 프로세싱 기술 필요
	내구성 및 소형화	회전 부품이 있는 기계식의 경우 진동에 취약하며, 차량 디자인을 해치지 않는 소형화가 필요함

라이다는 자율주행차가 세상을 더듬어 보는 손과 같으며, 카메라의 시각적 이해와 라이다의 공간적 정밀함이 결합될 때, 비로소 자율주행 시스템은 인간 이상의 안전성을 확보할 수 있게 된다.

4.3 레이더(Radar): 속도, 거리 측정

레이더는 전파(라디오파)를 발사하여 돌아오는 신호를 분석한다. 도플러 효과를 이용하여 주변 사물과의 상대 속도를 측정하는 데 매우 탁월하다. 빛이 아닌 전파를 쓰기에 폭우나 안개 속에서도 성능 변화가 거의 없다. 그러나 사물의 정밀한 형체를 인식하지 못한다. 레이더에게는 사람이나 쓰레기통이 그저 하나의 점 혹은 덩어리로 보일 뿐이어서, 정지해 있는 물체에 대한 인지력이 떨어진다.

1. 레이다의 개요

레이더(Radar, Radio Detection and Ranging)는 전자기파(전파)를 발사하여 사물에 부딪혀 돌아오는 신호를 분석해 거리, 방향, 그리고 상대 속도를 측정하는 장치다. 카메라가 날씨에 민감하고 라이다가 고가인 반면, 레이더는 어떤 환경에서도 안정적인 성능을 발휘하는 자율주행의 필수 센서다.

(1) 레이더의 주요 역할 및 기능

레이더는 특히 고속 주행 상황에서 주변 차량의 움직임을 추적하는 데 최적화되어 있다.

① 상대 속도 측정: 도플러 효과를 이용하여 주변 사물이 내 차와 얼마나 빠른 속도 차이로 이동하고 있는지 실시간으로 계산한다.

② 장거리 탐지: 고주파(보통 77GHz~79GHz)를 사용하여 전방 수백 미터(200m이상) 밖의 차량을 인지한다.

③ 전천후 감지: 눈, 비, 안개, 야간 등 가시거리가 짧은 상황에서도 전파의 특성상 거의 영향을 받지 않고 주변을 감지한다.

④ 충돌 방지 및 편의 기능: 어댑티브 크루즈 컨트롤(ACC), 자동 긴급 제동(AEB), 사각지대 감지(BSD) 기능을 구현하는 핵심 데이터 소스다.

(2) 레이더의 하드웨어 구조

레이더는 소형화된 반도체 칩 기술인 MMIC(Monolithic Microwave Integrated Circuit) 를 기반으로 구성된다.

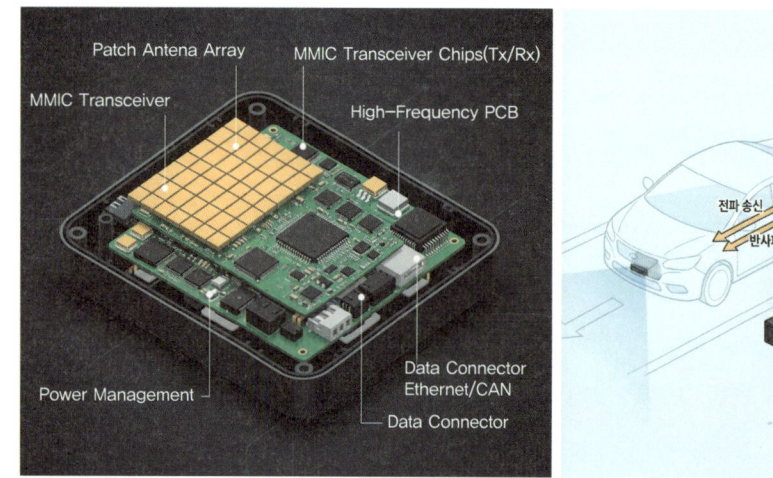

그림 20 레이더 내부구조(1)

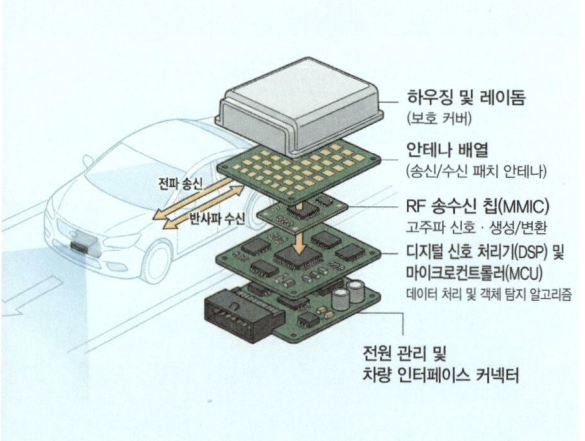

그림 21 레이더 내부구조(2)

① 송신부 (Transmitter)

특정 주파수의 전파 신호를 생성하여 안테나로 보낸다.

② 안테나 배열 (Antenna Array)

생성된 전파를 외부로 발사하고, 물체에 반사되어 돌아오는 미세한 전파를 수신한다. 안테나의 개수와 배열 방식에 따라 탐지 각도와 정밀도가 결정된다.

③ 수신부 (Receiver)

돌아온 아날로그 전파 신호를 증폭하고 디지털 데이터로 변환한다.

④ 신호 처리 장치 (Signal Processor/DSP)

발사된 신호와 수신된 신호를 비교하여 거리, 속도, 각도 정보를 산출한다.

(3) 작동 원리: 전파의 변조와 도플러 효과

레이더는 단순히 전파를 쏘는 것이 아니라, 주파수를 정밀하게 조절하여 복합적인 정보를 얻는다.

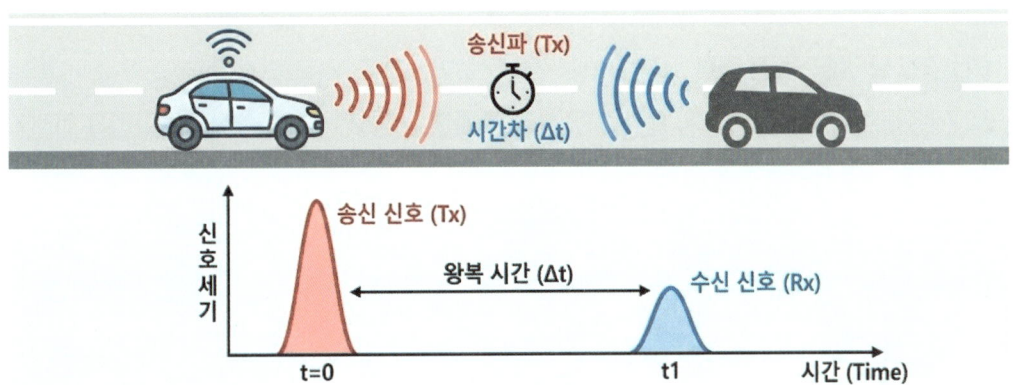

그림 22 레이더 거리측정 원리

① 거리 측정: FMCW (Frequency Modulated Continuous Wave) 방식

현대 차량용 레이더는 주파수가 시간에 따라 변하는 주파수 변조 연속파(FMCW) 방식을 주로 사용한다. 시간에 따라 주파수가 높아지는 신호를 발사한다. 물체에 맞고 돌아온 신호는 발사 시점보다 과거의 신호이므로, 현재 발사 중인 신호와 주파수 차이(Beat Frequency)가 발생한다. 이 주파수 차이를 분석하여 사물까지의 거리(d)를 정확히 계산한다.

- ToF (Time of Flight) 방식

$$d = c \cdot t/2$$

d : 거리, c : 빛의 속도(약 3×10^8 m/s),
t : 레이저가 나갔다가 돌아오는 데 걸린 시간

- FMCW(Frequency Modulated Continuous Wave) 방식

$$d = c \cdot \triangle f/2 \cdot (df/dt)$$

d : 거리, $\triangle f$: 발사된 신호와 돌아온 신호의 주파수 차이(Beat Frequency)
df/dt : 시간에 따른 주파수 변화율(Slew rate)

② 속도 측정: 도플러 효과(Doppler Effect)

구급차가 다가올 때 소리가 높아졌다가 멀어질 때 낮아지는 것과 같은 원리다. 사물이 다가오면 반사된 전파의 주파수가 높아지고, 멀어지면 낮아진다. 주파수 변화량(△f)을 측정하여 상대 속도를 0.1km/h 단위의 정밀도로 즉시 도출한다.

(4) 장점 및 기술적 도전 과제

레이더는 라이다와 상호 보완적인 관계를 가지며, 최근에는 해상도를 높인 4D 이미지 레이더 기술이 개발되고 있다.

구분	주요 항목	상세 내용
장점 (Advantages)	악천후 강인성	비, 눈, 안개 등 가혹한 기상 조건에서도 인식 성능이 거의 저하되지 않음
	속도 인지력	도플러 효과를 통해 상대 속도를 즉각적이고 정밀하게 측정함 (가장 큰 장점)
	경제성 및 내구성	움직이는 부품이 없어 반영구적이며, 라이다에 비해 가격이 매우 저렴함
기술적 도전 (Challenges)	낮은 해상도	사물의 구체적인 형체(보행자 vs 가로등)를 구분하는 능력이 라이다나 카메라에 비해 낮음
	정지 물체 오인	고정된 벽이나 터널을 장애물로 잘못 인식하여 급제동하는 '팬텀 브레이킹'의 원인이 되기도 함
	금속 반사 간섭	가드레일 등 금속 구조물에 전파가 과하게 반사되어 신호에 노이즈가 섞이는 고스트 현상 발생

레이더는 자율주행차가 어떤 상황에서도 놓치지 않는 끈질긴 시야를 제공하는 센서다. 낮은 해상도라는 한계가 명확하지만, 최근에는 사물의 높이 정보까지 파악하는 4D 이미징 레이더의 등장으로 라이다의 영역을 일부 대체하거나 강력하게 보완하며 자율주행의 안전 등급을 높이고 있다.

(5) 레이더(Radar)와 라이다(LiDAR)의 특징 비교

구분	라이다 (LiDAR)	레이더 (Radar)
사용 매체	레이저 (빛)	전파 (라디오파)
거리 정밀도	매우 높음 (cm 단위)	낮음
속도 인지	보통	매우 높음
기상 영향	눈, 비, 안개에 취약	거의 영향 없음
주요 역할	정밀 지형지물 및 형체 인식	앞차와의 거리 및 속도 추적

4.4 초음파 센서: 근거리 장애물 감지

초음파 센서(Ultrasonic Sensor)는 자율주행 자동차에는 먼 거리를 보는 라이다나 레이더 외에도, 차량 바로 주변(약 5m 이내)을 촘촘하게 감시하는 초음파 센서가 탑재된다. 우리가 흔히 주차 센서라고 부르는 이 장치는 자율주행의 완성도를 높이는 필수 요소이다.

1. 초음파 센서의 주요 역할 및 기능

초음파 센서는 주로 저속 주행이나 정지 상태 부근에서 빛을 발한다.

(1) 주차 보조 시스템(PAS, Parking Assist System)
후진이나 전진 주차 시 장애물과의 거리를 감지하여 경고음을 울리거나 화면에 표시한다.

(2) 자동 주차(Automatic Parking)
차량이 스스로 주차 공간을 탐색하고 핸들을 돌릴 때, 옆 차와의 간격을 cm 단위로 계산하여 정밀하게 주차를 돕는다.

(3) 측방 사각지대 감지

매우 가까운 거리에서 나란히 달리는 자전거구나 보행자를 감지하여 측면 충돌을 방지한다.

(4) 근거리 장애물 비상 제동

갑자기 튀어나오는 장애물을 아주 가까운 거리에서 감지했을 때 즉각적으로 브레이크를 작동시킨다.

2. 초음파 센서 하드웨어 구조

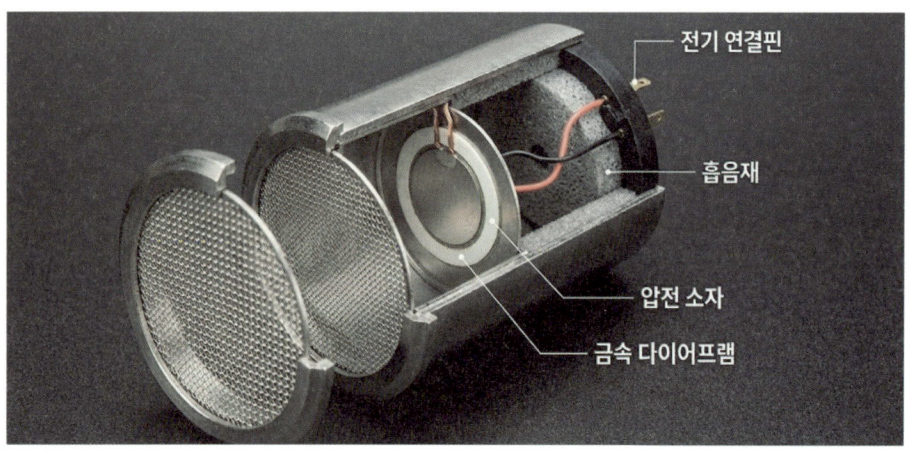

그림 23 초음파센서 내부구조

초음파 센서는 구조가 비교적 단순하여 내구성이 높고 가격이 저렴한 것이 특징이다.

(1) 트랜스듀서(Transducer)

전기 신호를 초음파(소리)로 바꾸어 발사하고, 반사되어 돌아온 초음파를 다시 전기 신호로 바꾸는 핵심 부품이다. 주로 압전 소자(Piezoelectric element)를 사용한다.

(2) 제어 회로(Control Circuit)

초음파의 발사 타이밍을 조절하고 돌아온 신호의 시간을 측정한다.

(3) 하우징(Housing)

차량 범퍼에 매립될 수 있도록 보호하는 외관이다. 보통 범퍼 곳곳에 동그란 점 모양으로 박혀 있는 게 바로 이 센서들이다.

3. 작동 원리: 박쥐의 초음파 에코(Echo)

초음파 센서는 인간이 들을 수 없는 높은 주파수의 소리(보통 40kHz 이상)를 이용한다.

(1) 1단계: 초음파 발사

센서가 짧은 펄스 형태의 초음파를 공기 중으로 발사한다. 소리는 공기 중에서 약 340m/s의 속도로 이동한다.

(2) 2단계: 반사 및 수신

발사된 소리가 장애물에 부딪히면 반사되어 다시 차량 쪽으로 돌아온다. 이를 센서의 수신부가 포착한다.

(3) 3단계: 거리 산출

소리가 나갔다가 돌아온 왕복 시간(t)을 측정한다. 공기 중 소리의 속도(v)를 알고 있으므로 다음 공식을 사용하며 왕복 시간이므로 2로 나눈다.

$$d = v \cdot t/2$$

$$d : 거리 \ , \ v : 속도, \ t : 왕복시간$$

> **참고** **v (소리의 속도)**: 공기 중 소리의 속도는 상온(15℃) 기준 약 340m/s이다. 실제로는 기온(T)에 따라 v = 331.5 + 0.6T 공식으로 보정하여 더 정밀하게 계산하기도 한다.
> **t (시간)**: 초음파가 발사된 후 물체에 맞고 다시 돌아올 때까지 걸린 왕복 시간이다.

4. 타 센서와의 비교 및 장단점

구분	초음파 센서 (Ultrasonic)	레이더/라이다 (Radar/LiDAR)
주요 범위	초근거리 (0.1m ～ 5m)	중·장거리 (5m ～ 250m)
측정 매체	소리 (음파)	전파 / 레이저 (빛)
특징	물체의 색상이나 투명도에 강함	고속 주행 및 정밀 맵핑에 특화
가격	매우 저렴함	비쌈

5. 장점 및 한계와 기술적인 개선

투명한 물체인 유리창이나 투명한 플라스틱처럼 빛(카메라/라이다)이 통과해 버리는 물체도 소리는 반사되므로 잘 감지한다. 또한 안개나 먼지, 연기 등이 가득한 상황에서도 소리는 비교적 잘 전달된다.

반면 기술적인 개선도 필요하다. 짧은 탐지 거리에서는 공기 중 소리의 감쇄가 심해 멀리 있는 물체는 보지 못하며 환경 변수도 문제가 되며 온도나 바람의 세기에 따라 소리의 속도가 변하므로 정밀도에 오차가 생길 수 있다.

스펀지나 두꺼운 옷처럼 소리를 흡수하는 재질의 물체는 거리를 제대로 측정하지 못할 수도 있다. 결론적으로 초음파 센서는 자율주행차의 단거리 안테나다. 비록 고속도로를 달릴 때는 큰 역할을 하지 못하지만, 복잡한 골목길 주행이나 정밀한 주차 상황에서는 그 어떤 첨단 센서보다 믿음직한 역할을 수행한다.

GPS(Global Positioning System)는 미국 국방부에서 개발한 위성 기반 항법 시스템으로, 지구 궤도를 도는 위성에서 보내는 신호를 수신해 사용자의 정확한 위치(위도, 경도, 고도)와 시간을 계산하는 기술이다.

자율주행 자동차에 있어서 GPS는 전체적인 경로를 설정하고 자신의 위치를 전역 좌표계에 매핑하는 기초 데이터가 된다.

IMU(Inertial Measurement Unit, 관성 측정 장치)는 차량이 어떤 자세로, 어느 방향을 향해, 얼마나 빠르게 움직이고 있는지를 알려주는 평형감각 역할을 한다.

1. GPS 시스템의 3대 구성 요소

GPS 시스템은 유기적으로 연결된 세 가지 부분으로 나뉜다.

그림 24 GPS와 자율주행차의 위치데이터 공유

(1) 우주 부문 (Space Segment)

지구 궤도 상에 배치된 24개 이상의 GPS 위성들이다. 이들은 정밀한 원자시계를 탑재하고 있으며, 자신의 위치 정보와 시간을 포함한 전파를 끊임없이 지구로 송신한다.

(2) 제어 부문 (Control Segment)

지상에 위치한 관제소와 안테나다. 위성의 궤도를 추적하고 상태를 점검하며, 위성 시계의 오차를 수정하는 역할을 한다.

(3) 사용자 부문 (User Segment)

자율주행 차량에 탑재된 GPS 수신기다. 여러 위성으로부터 오는 신호를 받아 위치를 계산한다.

2. 작동 원리: 삼변측량 (Trilateration)

GPS 수신기가 위치를 계산하는 핵심 원리는 삼변측량이다.

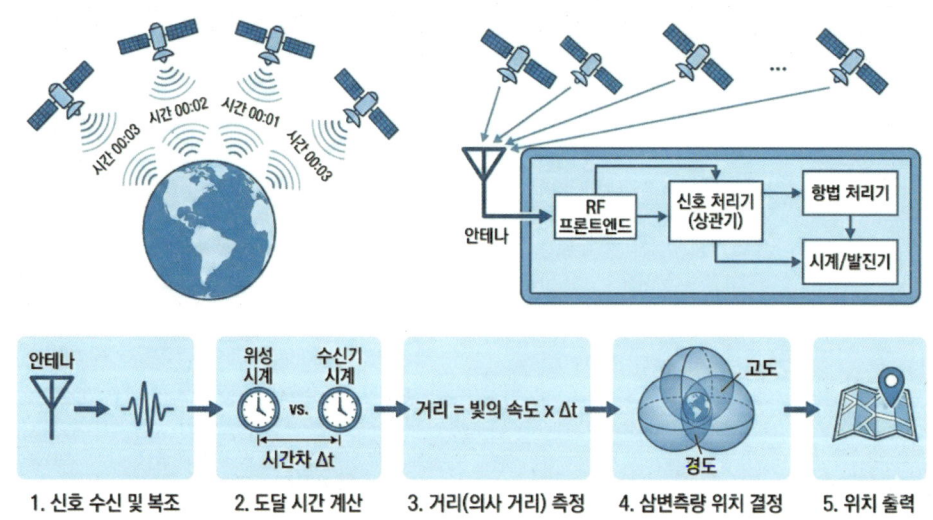

그림 25 GPS와 자율주행차의 위치데이터 공유

(1) 거리 측정

위성에서 신호를 쏜 시간과 수신기에 도달한 시간의 차이를 계산한다. 전파는 빛의 속도로 이동하므로, 거리 = 빛의 속도 × 걸린 시간 공식을 통해 위성과 자동차 사이의 거리를 구한다.

(2) d = c (t (수신시간) − t (송신시간))

d (거리): 위성과 수신기 사이의 실제 거리이다.

c (빛의속도): 전파가 이동하는 속도로, 빛의 속도(약 299,792,458m/s)와 같다.

t (수신시간): 수신기가 위성 신호를 받은 시각이다.

t (송신시간): 위성이 신호를 보낸 시각이다.

하지만 실제 자율주행 시스템에서는 수신기의 시계가 위성의 정밀한 원자시계와 완벽히 일치하지 않기 때문에, 시계 오차 t(에러)를 포함한 의사거리(Pseudorange) 공식을 사용한다.

PR(의사거리:Pseudorange) = d + c (t (수신_시간_에러) − t (위성_시간_에러)) 이러한 시계 오차라는 미지수를 해결하기 위해 우리는 3개가 아닌 최소 4개의 위성 신호를 받아 복잡한 연산을 수행함으로써 정확한 위치를 찾아내게 된다.

(3) 위치 특정

1개의 위성 신호를 받으면 위성을 중심으로 한 거대한 구(Sphere) 표면 어딘가에 내가 있다는 것을 안다. 2개의 신호를 받으면 두 구가 만나는 원 위의 어딘가에 위치한다.

3개의 신호를 받으면 두 점으로 좁혀지며, 이 중 지구 표면에 있는 점이 나의 위치가 된다. 4개 이상의 위성은 실제로는 수신기의 시계 오차까지 보정하기 위해 최소 4개 이상의 위성 신호가 필요하다.

3. 자율주행에서의 역할

자율주행 시스템 내에서 GPS는 다음과 같은 결정적인 기능을 수행한다.

(1) 전역 경로 계획 (Global Planning)

목적지까지 가기 위한 최적의 도로망 경로를 짠다.

(2) 정밀 지도 매칭 (Map Matching)

차량의 GPS 좌표를 고정밀 지도(HD Map)와 대조하여 내가 현재 어느 도로 위에 있는지 인지한다.

(3) 시간 동기화

차량 내 수많은 센서와 컴퓨터가 동일한 시각에 데이터를 처리할 수 있도록 정밀한 표준 시간을 제공한다.

4. 자율주행용 GPS의 진화: RTK-GPS

일반적인 스마트폰 GPS는 수 미터(m)의 오차가 발생한다. 하지만 자율 주행차는 차선 단위의 구분이 필요하므로 센티미터(cm) 단위의 정밀도가 요구된다. 이를 위해 RTK(Real-Time Kinematic) 기술을 사용한다.

그림 26 표준GPS와 자율자동차의 RTK-GPS 비교

(1) 원리

위치를 정확히 알고 있는 지상 기준국(Base Station)이 위성 신호를 받아 오차를 계산한 뒤, 이를 차량에 실시간으로 전송한다.

(2) 효과

위성 신호가 대기권을 통과하며 발생하는 굴절 오차 등을 제거하여 오차 범위를 수 cm 이내로 줄일 수 있다.

5. 한계점과 극복 방안

(1) 신호 차단 (Dead Zone)

터널, 지하 주차장, 고층 빌딩 숲(어반 캐년)에서는 위성 신호를 직접 받기 어렵다.

(2) 보완 기술 (Dead Reckoning)

GPS 신호가 끊기면 차량의 바퀴 회전수를 측정하는 휠 엔코더(Wheel Encoder)와 차량의 기울기 및 가속도를 측정하는 IMU(관성 측정 장치)를 결합하여 짧은 시간 동안 자신의 위치를 추정하며 달린다.

(3) 기술의 결합

GPS는 자율주행 자동차가 광활한 도로망 속에서 길을 잃지 않게 해주는 디지털 북극성이다. 비록 단독으로는 완벽하지 않지만, RTK 기술과 IMU 같은 다른 센서들과 결합됨으로써 차선 하나하나를 구분할 수 있는 정밀한 항법 시스템으로 완성된다.

IMU (Inertial Measurement Unit, 관성 측정 장치)는 이동하는 물체의 속도 변화(가속도)와 회전 방향(각속도)을 측정하여 물체의 상태를 파악하는 센서 패키지이다. 자율주행 자동차에서 GPS가 지도 위의 점을 찍어준다면, IMU는 차량이 어떤 자세로, 어느 방향을 향해, 얼마나 빠르게 움직이고 있는지를 알려주는 평형감각 역할을 한다.

그림 27 IMS 내부구조(1)

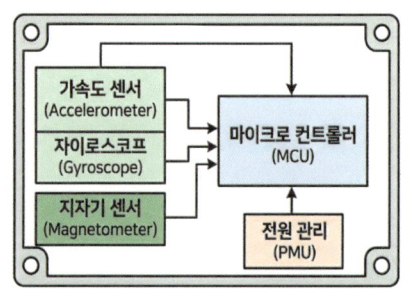

그림 28 IMS 내부구조(2)

1. IMU의 주요 구성 요소

일반적인 자율주행용 IMU는 보통 6축(가속도 3축 + 자이로 3축) 또는 9축(지자기 3축 추가)으로 구성된다.

(1) 가속도계 (Accelerometer)
차량의 전후, 좌우, 상하(X, Y, Z축) 방향의 선가속도를 측정하고 속도의 변화를 감지하여 차량이 가속 중인지 제동 중인지를 파악하게 된다.

(2) 자이로스코프 (Gyroscope)
차량의 회전 속도인 각속도를 측정하고 차량이 좌우로 도는지(Yaw), 앞뒤로 흔들리는지(Pitch), 좌우로 기우는지(Roll)를 감지하여 차량의 방향 변화를 정확히 읽어내게 된다.

(3) 지자기 센서 (Magnetometer)
지구의 자기장을 감지하여 방위각(북쪽 기준 방향)을 측정하고 나침반처럼 차량이 절대

적인 방위에서 어느 쪽을 향하고 있는지 알려주어 방향 오차를 보정하게 된다.

2. 자율주행에서의 핵심 역할

(1) 추측 항법 (Dead Reckoning)

GPS 신호가 끊기는 터널, 지하 주차장, 빌딩 숲(어반 캐년)에서 가장 빛을 발하는 기능
이며GPS가 작동하던 마지막 위치를 기준으로, IMU가 측정한 가속도와 방향 정보를 시
간에 따라 계산(적분)하여 현재 위치를 추정하며 외부 신호 없이 차량 내부 센서만으로
짧은 시간 동안 위치를 유지할 수 있게 한다.

(2) GPS 데이터의 빈틈 메우기 (High-Frequency Updates)

일반적인 GPS는 초당 1~10번(1~10Hz) 위치 신호를 줍니다. 하지만 고속으로 달리는
자동차에게는 0.1초의 공백도 길어서 IMU는 초당 수백 번(100Hz 이상) 데이터를 생성하
고 GPS 신호 사이의 공백을 IMU 데이터로 채워 넣어 차량의 위치와 경로를 끊김 없이
매끄럽게 파악하게 된다.

(3) 차량 자세 제어 및 노면 인지

기울기 감지를 위해서 차량이 경사로를 오르고 있는지, 혹은 코너링 시 차체가 얼마나
기울어지는지 감지한다.

(4) 안전 제어

급격한 방향 전환 시 전복 위험을 미리 감지하여 자세 제어 시스템(ESC)에 정보를 전
달하게 된다.

3. IMU의 한계: 드리프트(Drift) 현상

IMU는 완벽해 보이지만 결정적인 약점이 있는데, 바로 오차의 누적이다.

원인으로는 IMU는 이전 단계의 데이터를 바탕으로 현재 위치를 계산하는데 센서의 아주 미세한 오차가 시간이 지날수록 눈덩이처럼 불어나는데, 이를 드리프트 현상이라고 한다.

해결 방법으로는 센서 퓨전을 통해 누적된 오차를 다시 GPS 신호를 받아 영점(Reset)을 맞추거나, 휠 속도 센서(휠 엔코더) 데이터와 결합하여 보정한다.

4. IMU의 요약

항목	설명	비고
물리적 역할	가속도(속도 변화)와 각속도(회전) 측정	
자율주행 역할	GPS가 안 터질 때 위치 추정, 차량의 미세한 자세 변화 감지	
장점	매우 빠르고 외부 신호에 구애받지 않음	
단점	시간이 지날수록 오차가 쌓임 (GPS 등과 협업 필수)	

결론적으로, IMU는 차량이 자신의 움직임을 스스로 느끼게 해주는 감각 기관이며 GPS라는 지도와 IMU라는 감각이 결합되어야만 자율주행차는 자신의 위치를 정확히 확신하고 주행할 수 있다.

Chapter 05 계획, 판단, 동작 수행 준비 단계(Planning/Decision/Motion Layer): 자동차의 두뇌

자율주행 시스템에서 판단 및 계획 계층은 인지 단계에서 얻은 주변 환경 정보(차선, 타 차량, 보행자, 신호등 등)를 바탕으로 차가 안전하고 효율적으로 움직일 수 있는 최적의 경로를 생성하는 두뇌 역할을 하며 과정은 크게 세 단계로 나눌 수 있다.

• 미션 계획 (Global Planning / Route Planning)

가장 높은 수준의 계획 단계로, 출발지에서 목적지까지 어떤 도로를 타고 갈지 결정하는 내비게이션과 비슷하다.

• 행동 판단 (Behavioral Planning / Decision Making)

도로 위 상황에 맞춰 어떤 행동을 할지 결정하는 단계이며 교통 법규를 준수하면서 상황에 맞는 전략을 짜는 게 핵심이다.

• 동작 수행 준비계획 (Local Planning / Motion Planning)

행동 판단에서 차선을 변경하자라고 결정했다면, 실제로 핸들을 얼마나 꺾고 속도를 어떻게 조절할지 아주 구체적인 곡선을 그리는 수행 준비 단계이다.

자율주행차가 주변 상황을 완벽하게 인지했다면, 다음 과제는 어디로 갈 것인가다.

단순히 장애물을 피하는 수준을 넘어, 가장 빠르고 안전하며 부드러운 주행 궤적을 그려내는 경로 계획(Path Planning)은 자율주행 소프트웨어의 꽃이라 불린다. 인공지능이 복잡한 도로 위에서 최적의 길을 설계하는 알고리즘의 세계를 분석한다.

실제 주행 중 장애물을 피하고 차선을 변경하기 위한 1~5초 단위의 미세한 움직임을 짜는 단계다. 충돌 회피로써는 주변 차량의 속도와 방향을 예측하여 충돌하지 않는 안전한 궤적을 생성하며, 급격한 조향이나 급제동을 최소화하여 탑승자가 편안함을 느끼도록 가속도(Jerk)를 조절한다.

MPC (Model Predictive Control, 모델 예측 제어) 기술이 동역학적 한계를 고려해 최적의 핸들 각도와 페달 양을 계산한다. 목적지까지의 최단 거리나 최소 시간을 계산하는 내비게이션 수준의 경로 설정이다. A (에이-스타) 알고리즘이나 Dijkstra (데이크스트라) 알고리즘이 주로 사용되어 거대한 도로망 속에서 최적의 노드를 찾아낸다.

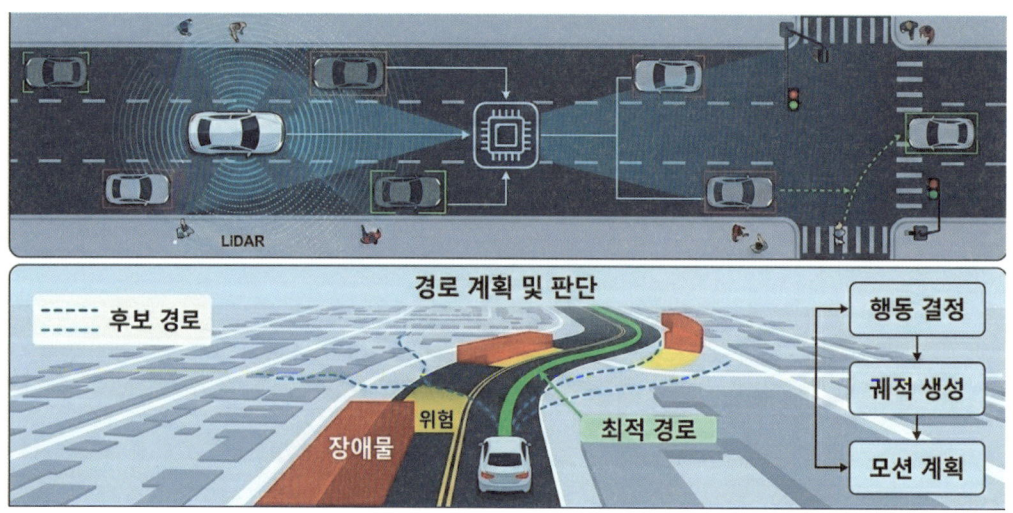

그림 29 경로계획 구조

1. 전역 경로 계획: 거시적 길 찾기의 수학(Global Planning)

목적지를 설정했을 때 가장 먼저 작동하는 것은 전역 경로 계획이다. 이는 우리가 흔히 쓰는 내비게이션의 원리와 비슷하지만, 훨씬 더 정밀한 데이터를 다룬다.

(1) 알고리즘

출발점에서 목적지까지의 거리와 예상 비용(시간, 연료 등)을 계산해 최단 경로를 찾는다. 단순한 직선거리가 아니라 도로의 규정 속도, 혼잡도 등을 수치화하여 최적의 노드(Node)를 연결한다.

(2) 다익스트라(Dijkstra)의 진화

모든 경로를 탐색하던 전통적 방식에서 벗어나, 현재 자율주행은 고정밀 지도(HD Map)와 결합해 차선 단위의 전역 경로를 생성한다.

2. 지역 경로 계획: 1초 뒤의 미래를 그리는 동적 설계(Local Planning)

전체적인 길을 정했다면, 이제 실시간 상황에 대응해야 한다. 갑자기 끼어드는 차량이나 불법 주차된 장애물을 만났을 때 작동하는 것이 지역 경로 계획이다.

(1) 격자 기반 탐색 (Lattice Planning)

차량이 이동할 수 있는 수많은 가상 경로(궤적 후보군)를 부채꼴 모양으로 펼쳐놓고 계산한다. 이 중 장애물과 충돌하지 않으면서도 전역 경로와 가장 일치하는 최선의 선을 실시간으로 선택한다.

(2) 동적 장애물 예측

단순히 멈춰있는 물체만 피하는 게 아니다. 옆 차선 차량의 속도를 계산해 2~3초 뒤의 위치를 예측하고, 그 사이를 파고 들거나 속도를 줄이는 판단을 내린다.

3. 궤적 최적화: 승차감과 물리 법칙의 조화 (Trajectory Optimization)

길만 찾는다고 끝이 아니다. 급격한 핸들 조작은 사고를 유발하거나 탑승자에게 멀미를 선사한다. 여기서 수학적 최적화가 개입한다.

(1) 저크(Jerk) 최소화

가속도의 변화율인 저크를 최소화하여 부드러운 곡선을 만든다. 수학적으로는 5차 다항식(Quintic Polynomial) 등을 활용해 시점과 종점의 위치, 속도, 가속도를 매끄럽게 연결하는 궤적을 산출한다.

(2) MPC(모델 예측 제어)

차량의 실제 물리적 특성(무게, 타이어 마찰력 등)을 고려한다. 현재의 조작이 미래에 미칠 영향을 미리 계산해, 핸들을 꺾었을 때 차체가 밀리는 현상까지 계산에 넣는다.

4. 인공지능의 진화: 규칙을 넘어 직관으로

최근에는 사람이 정한 수학적 규칙(Rule-based)을 넘어, 인공지능이 스스로 운전법을 터득하는 엔드-투-엔드(End-to-End) 방식이 거세게 도전장을 내밀고 있다.

전통적 알고리즘이 장애물로부터 2m 떨어져라는 명령을 수행한다면, 최신 딥러닝 기반 경로 계획은 수천만 마일의 우수 운전자 데이터를 학습해 이 상황에서는 부드럽게 감속하며 돌아나가는 것이 최선이라는 직관적 궤적을 뽑아낸다.

결국 경로 계획은 안전과 효율이라는 두 마리 토끼를 잡는 게임이다. 수만 개의 수학적 후보군 중에서 단 하나의 선을 고르는 이 과정은 자율주행차가 기계를 넘어 지능형 로봇으로 인정받는 가장 결정적인 단계가 될 것이다.

자율주행차가 주변에 무엇이 있는지(인지) 파악했다면, 이제 무엇을 할 것인가를 정해야 한다. 이것이 바로 행동 결정(Decision Making) 레이어다.

단순히 장애물을 피하는 것을 넘어 교통 법규를 준수하고, 주변 차량과의 사회적 상호작용을 고려해 주행 전략을 수립하는 과정이다.

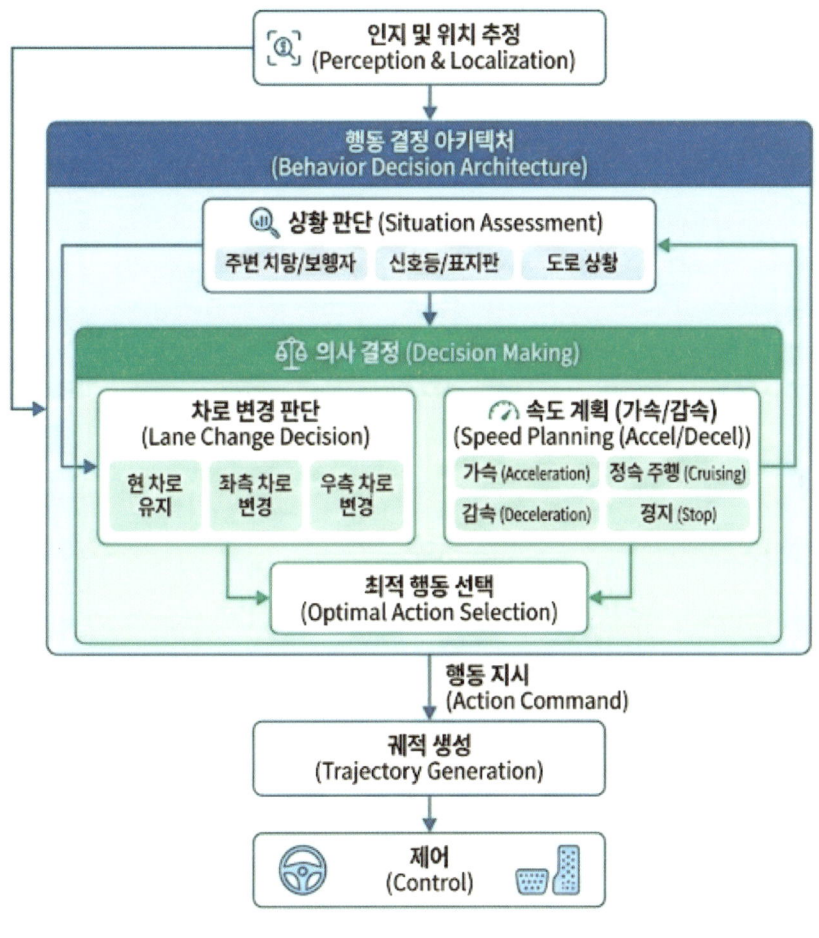

그림 30 행동 경로 구조

1. 행동 결정의 개요: 인지와 계획 사이의 판단

행동 결정은 인지 계층에서 전달받은 객체 데이터와 지도 정보를 요리해 차량의 상태 (State)를 정의한다.

지금은 차선을 유지하며 정속 주행을 할 것인가?, 앞차가 너무 느리니 추월을 시도할 것인가? 같은 고차원적인 주행 의도를 확정한다. 결정이 너무 소심하면 교통 흐름을 방해하고, 너무 공격적이면 사고를 유발한다.

인간 운전자의 사회적 감각을 알고리즘으로 구현하는 것이 핵심이다. 최근 자율주행 업계의 가장 뜨거운 화두는 소프트웨어를 어떻게 구성하느냐는 것이다.

이는 인간이 만든 규칙(Rule Based)을 따를 것인가, 아니면 인공지능(End to End)의 직관에 맡길 것인가의 문제다.

(1) 모듈형 아키텍처 (Modular Architecture): 전통적인 방식

인지, 판단, 제어 단계를 각각 독립적인 소프트웨어 모듈로 나누어 순차적으로 처리한다. 차선 인식 모듈이 정보를 주면 경로 계획 모듈이 길을 짜고, 마지막에 제어 모듈이 핸들을 꺾는다. 오류가 발생했을 때 어느 단계에서 문제가 생겼는지 명확히 알 수 있어 디버깅(수정)이 쉽고 안전성이 높다.

단점으로는 각 모듈 간의 미세한 오차가 누적되어 복잡한 도심 상황에서 부자연스러운 움직임을 보일 수 있다.

(2) 엔드-투-엔드 (End-to-End, E2E) 딥러닝: 차세대 방식

영상 데이터 입력부터 조향 명령 출력까지 모든 과정을 하나의 거대한 신경망이 처리한다. 테슬라가 FSD v12부터 도입하며 파괴적인 성능을 보여주고 있는 방식이다. 수많은 우수 운전자의 데이터를 학습한 AI가 상황을 통째로 직관하여 최적의 운전 조작을 내놓는다. 인간과 매우 흡사하고 부드러운 주행이 가능하며, 코딩으로 정의하기 어려운 복잡한 엣지 케이스에 강하다.

단점으로는 AI가 왜 그런 판단을 내렸는지 설명하기 어려운 블랙박스 문제가 있어 사고 시 책임 규명이 복잡하다.

2. 가속 및 감속 판단: 종방향 제어의 원리

　차량의 전후 움직임을 조절하는 가감속 판단은 주로 안전 거리 확보와 법규 준수에 초점을 맞춘다.

(1) TTC (Time to Collision, 충돌 예상 시간)

　현재 속도를 유지했을 때 앞차와 부딪히기까지 남은 시간을 계산한다. 임계값 이하로 떨어지면 즉시 감속을 결정한다.

(2) 예견 제어 (Look-ahead Control)

　단순히 바로 앞차만 보는 게 아니라, 멀리 있는 신호등의 상태나 도로의 곡률을 미리 계산해 부드럽게 속도를 줄인다. 급제동을 줄여 승차감을 높이는 기술이다.

(3) 정지선 및 교차로 판단

　신호등이 황색으로 변했을 때, 멈출 수 있는 거리(Dilemma Zone)를 계산해 정지할지 통과할지를 결정한다.

3. 차로 변경 판단: 횡방향 전략의 정수

　차로 변경은 자율주행 기술 중에서도 난도가 매우 높다. 주변 차량의 속도와 위치뿐만 아니라 그들의 양보 의사까지 고려해야 하기 때문이다.

(1) 간격 수용 (Gap Acceptance)

　목표 차로에 내가 들어갈 수 있는 충분한 공간(Gap)이 있는지 분석한다. 내 차의 앞뒤로 확보해야 할 최소 거리를 수치화하여 판단한다.

(2) 이득 및 위험도 계산 (Cost Function)

　차로를 변경했을 때 얻는 이득(속도 향상, 목적지 진입 등)과 위험도(충돌 가능성)를 저울질한다. 이득이 위험보다 훨씬 클 때만 변경을 승인한다.

(3) 의도 전달

변경을 결정하면 단순히 핸들을 꺾는 게 아니라, 방향 지시등을 켜고 목표 차로로 미세하게 접근하며 주변 차들에게 내 의도를 알리는 사회적 주행을 수행한다.

4. 판단을 내리는 수학적 모델

인공지능은 어떤 논리로 이런 결정을 내릴까? 주로 세 가지 방식이 혼용된다.

(1) FSM (Finite State Machine, 유한 상태 기계)

차선 유지, 차선 변경, 비상 정지 등 미리 정해진 상태들을 정의하고 조건에 따라 상태를 전환한다. 구조가 명확해 신뢰성이 높다.

(2) MDP (Markov Decision Process, 마르코프 결정 과정)

미래의 불확실성을 확률로 계산한다. 내가 어떤 행동을 했을 때 얻을 보상(Reward)을 최대화하는 방향으로 판단을 내린다.

(3) RSS (Responsibility-Sensitive Safety)

인텔의 모빌아이가 제안한 모델로, 사고의 책임이 누구에게 있는가를 수학적으로 정의해 절대 사고가 나지 않는 안전 영역 안에서만 움직이도록 제한한다.

5. 기술적 도전: 엣지 케이스와 사회적 합의

알고리즘이 해결하기 가장 어려운 부분은 인간의 변칙적인 행동이다. 깜빡이 없이 끼어드는 차량이나 좁은 길에서 서로 양보하지 않는 상황 등이다.

최근에는 이러한 복잡한 판단을 해결하기 위해 수천만 건의 실제 주행 데이터를 학습한 엔드-투-엔드(End-to-End) 딥러닝 모델이 기존의 규칙 기반 방식을 보완하거나 대체하고 있다.

결론적으로 행동 결정 레이어는 자율주행차를 단순한 기계에서 지능형 운전자로 탈바꿈시키는 핵심 장치다. 가감속과 차로 변경이라는 일상적인 행위 속에 숨겨진 수만 개의 확률적 계산이 자율주행의 안전과 신뢰를 지탱하고 있다.

동작 수행준비 계획(Motion Planning): 실제 동작 곡선을 그리는 계획

행동 결정(Decision) 단계에서 무엇을 할 것인가가 정해졌다면, 동작 계획(Motion Planning) 단계에서는 어떻게 움직일 것인가를 결정한다.

즉, 자동차의 현재 위치에서 목표 지점까지 충돌 없이, 그리고 승차감을 해치지 않으며 이동할 수 있는 최적의 궤적(Trajectory)을 설계하는 과정이다.

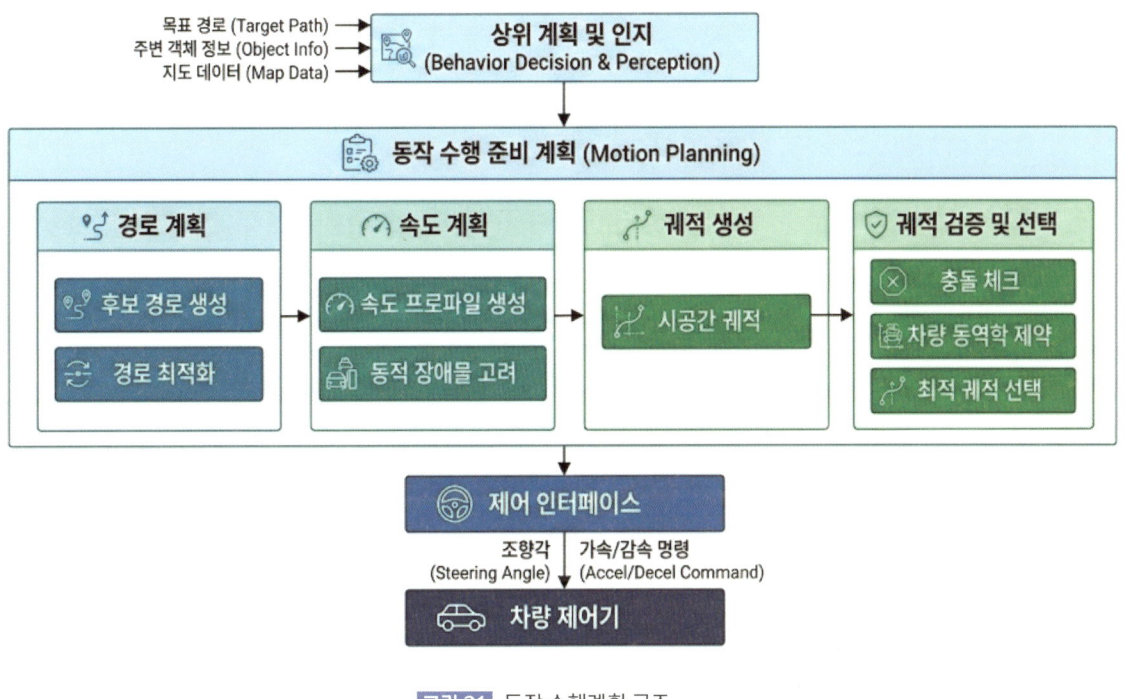

그림 31 동작 수행계획 구조

1. 경로(Path)와 궤적(Trajectory)의 차이

자율주행에서 이 둘은 명확히 구분된다.

(1) 경로(Path)

단순한 기하학적 선이다. (어디로 갈 것인가?)

(2) 궤적(Trajectory)

경로에 시간(Time) 정보를 더한 것이다. 즉, 특정 시간에 차가 정확히 어느 위치에, 어떤 속도와 가속도로 있어야 하는지를 나타낸다. (언제, 어떤 속도로 갈 것인가?)

2. 동작 계획의 3대 핵심 제약 조건

궤적을 그릴 때는 마음대로 선을 긋는 게 아니라 다음의 제약 조건을 반드시 지켜야 한다.

(1) 차량 동역학 제약 (Kinematic & Dynamic Constraints)

바퀴는 갑자기 90도로 꺾일 수 없고, 차체는 물리적 한계를 넘는 속도로 코너를 돌 수 없다. 차량의 회전 반경과 가감속 성능을 고려해야 한다.

(2) 안전 제약 (Safety Constraints)

인지 단계에서 파악된 정적 장애물(가드레일, 벽) 및 동적 장애물(다른 차량, 보행자)과 절대 충돌하지 않는 공간을 확보해야 한다.

(3) 승차감 제약 (Comfort Constraints)

급격한 가속도 변화는 탑승자에게 멀미나 불안감을 준다. 가속도의 변화율인 저크(Jerk)를 최소화하는 것이 부드러운 주행의 핵심이다.

3. 실제 동작 곡선을 그리는 주요 기법

(1) 프레네 좌표계 (Frenet Frame) 활용

복잡한 지구 좌표계(X, Y) 대신 도로 중심선을 기준으로 하는 S–L 좌표계를 사용한다.

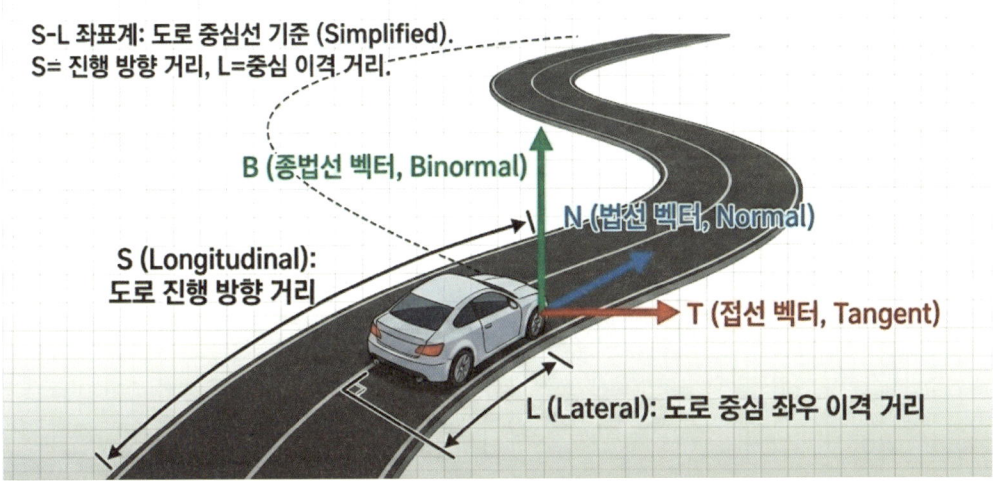

그림 32 프레네 좌표계 (Frenet Frame) 활용

- S (Longitudinal): 도로 진행 방향으로 얼마나 갔는가?
- L (Lateral): 도로 중심에서 좌우로 얼마나 떨어졌는가?

이렇게 하면 곡선 도로에서도 차선을 따라가는 계산이 훨씬 단순해진다.

(2) 5차 다항식 (Quintic Polynomial) 궤적 생성

시작점과 끝점의 위치, 속도, 가속도를 매끄럽게 연결하기 위해 수학적으로 5차 다항식을 주로 사용한다.

$$s(t) = a_0 + a_1t + a_2t^2 + a_3t^3 + a_4t^4 + a_5t^5$$

이 식을 통해 시간에 따른 부드러운 위치 변화 곡선을 뽑아낼 수 있다.

(3) 샘플링 기반 계획 (Sampling-based Planning)

가능한 수많은 궤적 후보군(Sample)을 미리 뿌려보고, 그중에서 장애물과 부딪히지 않으면서 비용(Cost)이 가장 적게 드는 최적의 선을 고르는 방식이다.

• Lattice Planner: 격자 형태로 주행 가능한 경로 후보를 생성하고 평가한다.

4. 궤적 최적화와 비용 함수 (Cost Function)

생성된 여러 후보 궤적 중 하나를 고르기 위해 비용을 계산한다. 비용이 낮을수록 좋은 궤적이다. 빨리 갈 수 있는가? 장애물과 충분히 떨어져 있는가?, 커브가 완만한가?. Jerk가 낮은가?

$$Cost = (시간 \ 비용) + (안전 \ 비용) + (승차감 \ 비용) + (경로 \ 이탈 \ 비용)$$

Chapter 06
제어 단계(Control Layer):
자동차의 손과 발, 팔

    자율주행 자동차가 사전에 계획된 경로를 정확하게 추종하고 안정적인 가·감속을 유지하기 위해서는 정밀한 제어 단계에서의 알고리즘은 PID(Proportional-Integral-Derivative)가 필수적이며 경로추적 알고리즘인 MPC(Model Predictive Control)과 협조하여 사용된다.

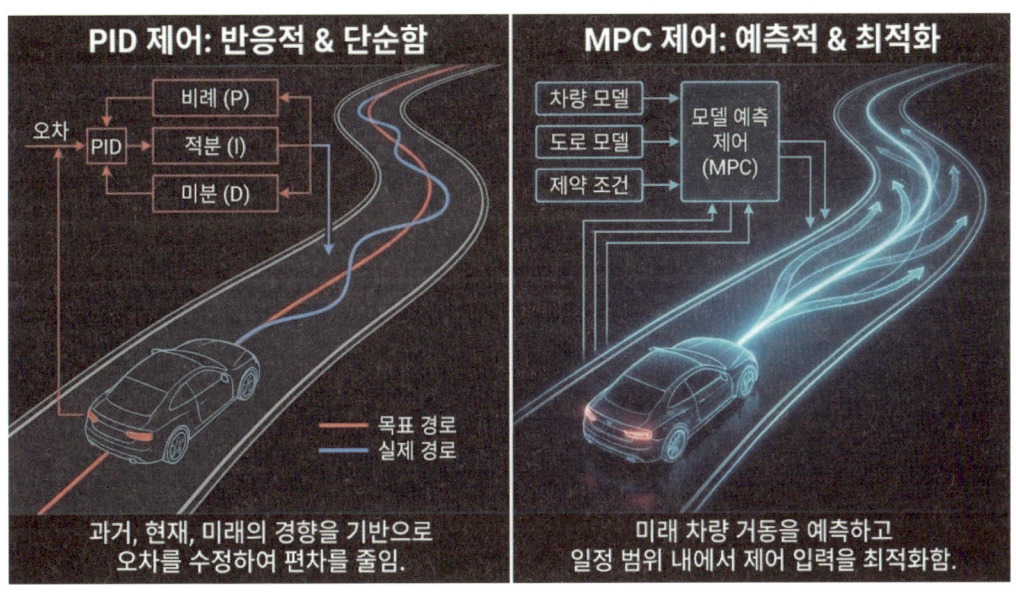

그림 33 PID제어와 MPC 제어

1. PID 제어 (Proportional-Integral-Derivative Control)

PID 제어는 제어 대상의 출력값과 목표값의 오차(e(t))를 바탕으로 제어량을 계산하는 가장 대표적인 피드백(Feedback) 제어 방식이다. 구조가 단순하고 구현이 쉬워 자동차의 정속 주행 제어(Cruise Control)나 모터의 전류 제어 등에 널리 사용된다.

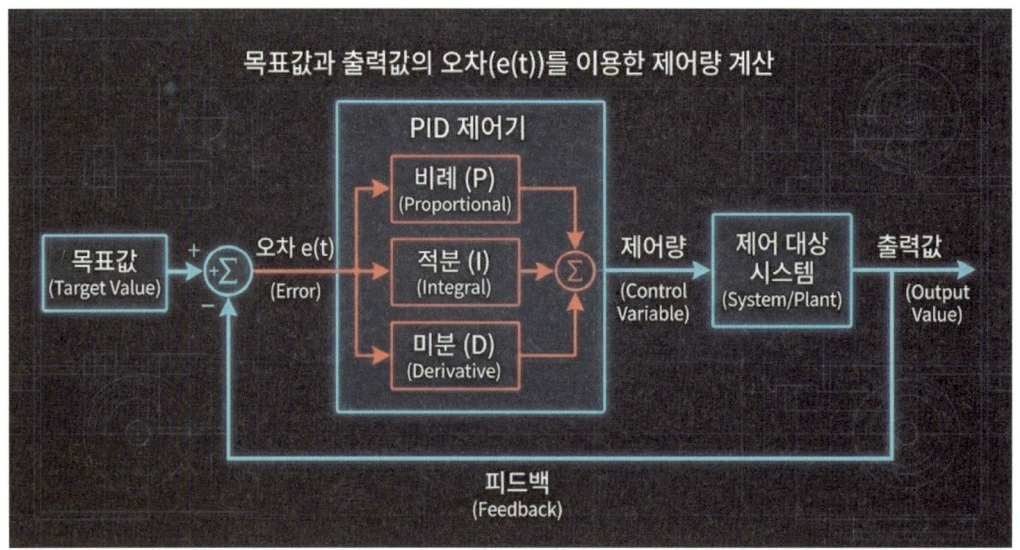

그림 34 PID 피드백 제어 기본 원리

(1) P (Proportional: 비례 제어)
현재 오차의 크기에 비례하여 제어량을 조절한다. 오차가 크면 큰 힘을 가해 목표치에 빠르게 접근하지만, 목표치 근처에서 진동(Overshoot)이 발생하거나 오차가 완전히 사라지지 않는 잔류 편차가 남을 수 있다.

(2) I (Integral: 적분 제어)
누적된 오차를 바탕으로 제어량을 결정한다. P 제어에서 해결하지 못한 잔류 편차를 제거하여 목표값에 정확히 도달하게 돕는다.

(3) D (Derivative: 미분 제어)
오차의 변화 속도를 감지하여 제어량을 조절한다. 오차가 급격히 변할 때 이를 억제하는 댐핑(Damping) 역할을 수행하여 시스템의 안정성을 높인다.

2. MPC 제어 (Model Predictive Control)

동작 계획의 마지막 단계에서는 MPC 기술이 자주 쓰인다.

차량의 물리 모델을 바탕으로 미래의 수 초간 움직임을 미리 시뮬레이션해보고, 현재 시점에서 가장 적절한 핸들 각도와 가속 페달 강도를 결정한다.

매 순간 계산을 반복하며 오차를 수정하기 때문에 매우 정교한 주행이 가능하다. 결론적으로 동작 수행준비 계획은 단순한 수학적 계산을 넘어, 물리 법칙과 인간의 안락함을 연결하는 단계다.

자율주행차가 기계처럼 딱딱하게 움직이지 않고 숙련된 운전자처럼 부드럽게 코너를 돌고 가속하는 비결은 바로 이 정교한 궤적 설계 알고리즘에 있다.

MPC는 차량의 동역학 모델을 활용하여 미래의 거동을 예측하고, 최적의 제어량을 산출하는 최적화 기반 제어 방식이다. 자율주행의 경로 추종(Path Following)과 같이 복잡한 제약 조건이 있는 환경에서 매우 강력한 성능을 발휘한다.

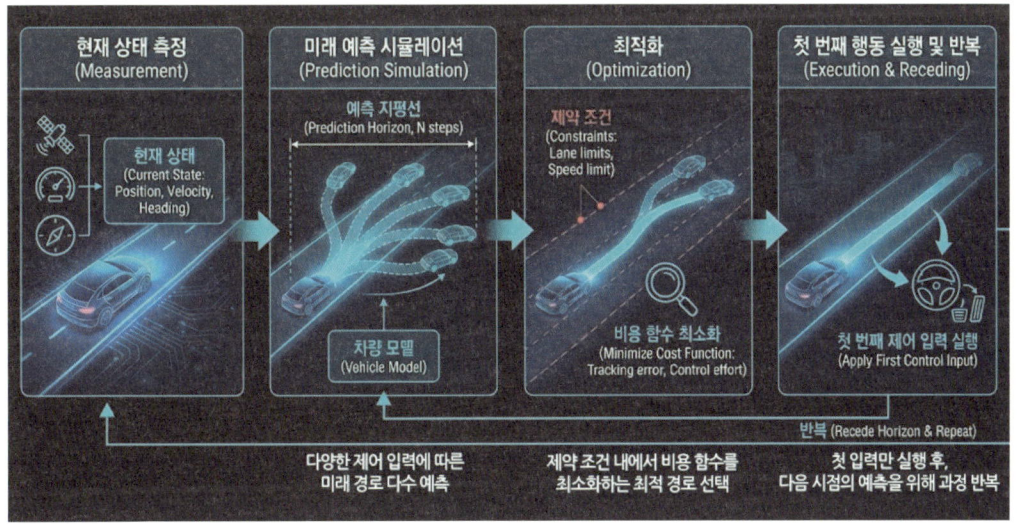

그림 35 MPC와 피드백 원리

(1) 모델 기반 예측

차량의 물리적 특성(질량, 타이어 마찰력 등)을 수학적 모델로 구축하고, 현재 상태에서 미래 일정 시간(Prediction Horizon) 동안 차량이 어떻게 움직일지 예측한다.

(2) 최적화(Optimization)

목표 경로와의 오차를 최소화하면서도 급격한 핸들 조작이나 가속을 피하는 최적의 제어 시퀀스를 계산한다.

(3) 제약 조건 반영

차량의 최대 조향각, 가속도 한계 등 물리적 제약 조건을 계산 과정에 직접 포함할 수 있어 안전성이 높다.

(4) 이동 지평선 제어(Moving Horizon)

계산된 미래 제어 시퀀스 중 첫 번째 값만 실행하고, 다음 샘플링 시간에 다시 미래를 예측하여 제어량을 갱신하는 과정을 반복한다.

[참고] PID와 MPC의 비교 분석구분

구분	PID 제어 (정밀구동 알고리즘)	MPC 제어 (경로추적 알고리즘)
제어원리	오차 기반 피드백	모델 기반 미래 예측 및 최적화
구현 난이도	낮음 (구조가 간단함)	높음 (복잡한 연산 및 모델 필요)
제약 조건처리	불가능 (별도의 로직 필요)	가능 (수학적으로 직접 반영)
연산량	매우 적음	많음 (고성능 프로세서 필요)
주요 적용분야	하위 제어 (모터, 브레이크 구동)	상위 제어 (경로 추종, 궤적 생성)

실제 자율주행 시스템에서는 두 알고리즘을 계층적으로 결합하여 사용한다. 상위 제어기인 MPC가 전방의 경로와 제약 조건을 고려하여 목표 조향각과 가속도를 계산하면, 하위 제어기인 PID가 액츄에이터인 모터, 브레이크를 정밀하게 구동하여 그 목표를 달성하는 방식이다.

조향 제어(Steering Control): 액츄에이터를 통한 핸들조작

자율주행 자동차가 목적지를 향해 스스로 방향을 틀고 장애물을 피하는 과정에서 가장 핵심적인 역할을 하는 것은 조향 제어(Steering Control) 시스템이다. 운전자의 물리적인 힘이 아닌, 전기적 신호와 액츄에이터가 핸들을 대신 조작하는 이 시스템은 단순한 보조 장치를 넘어 완전 자율주행을 위한 필수 기술로 자리 잡고 있다.

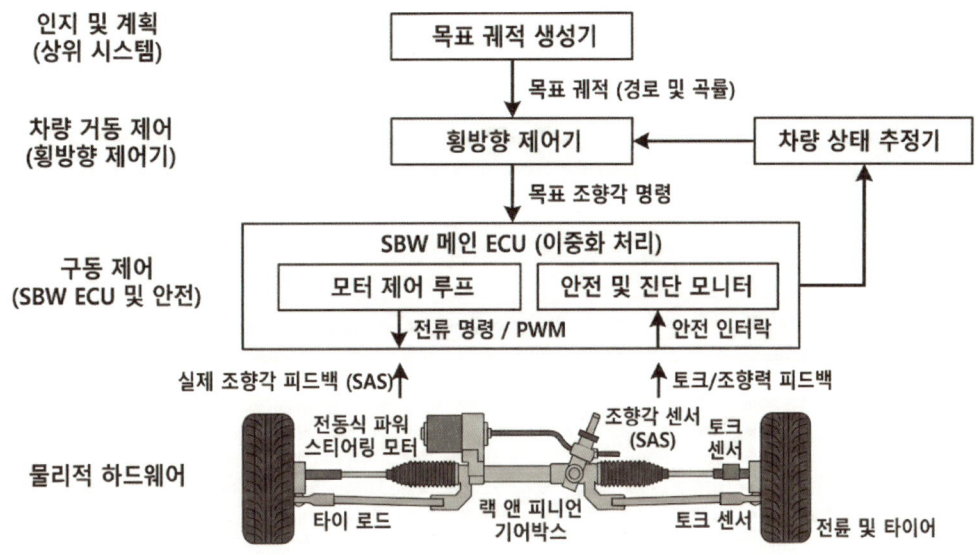

그림 36 조향제어 처리 프로세스

1. 조향 제어 시스템의 개요: 기계식에서 전자식으로

전통적인 조향 시스템은 운전자가 핸들을 돌리면 조향축과 기어를 통해 바퀴로 물리적인 힘이 전달되는 방식이었다. 그러나 자율주행을 위해서는 시스템이 스스로 판단하여 바퀴의 각도를 조절해야 하므로, 전자식 조향 장치(EPS: Electric Power Steering)를 기반으로 한 능동적인 제어가 필요하다. 특히 최신 자율주행 기술에서는 핸들과 바퀴 사이의 물리적 연결을 완전히 제거하고 전기 신호로만 제어하는 SBW(Steer-by-Wire) 방식이 주목받고 있다.

2. 액추에이터를 통한 조향 제어 작동원리

자율주행 환경에서 조향 액츄에이터는 차량의 근육 역할을 수행하며, 다음과 같은 프로세스로 작동한다.

(1) 센서 데이터 입력

전방 카메라, 라이다(LiDAR), 레이더 등을 통해 수집된 도로 정보와 차선 데이터가 제어 장치로 전달된다.

(2) 제어 알고리즘 연산(ECU)

차량의 현재 속도, 요 레이트(Yaw rate, 회전 속도), 목표 궤적 등을 계산하여 최적의 조향각을 산출한다.

(3) 액츄에이터(모터) 구동

제어 신호를 받은 조향 액츄에이터(주로 고성능 BLDC 모터)가 랙 앤 피니언(Rack and Pinion) 기어를 직접 밀거나 당겨 바퀴의 각도를 조절한다.

(4) 핵심 기술

토크 제어 vs 위치 제어조향 제어는 단순히 각도를 맞추는 위치 제어뿐만 아니라, 노면으로부터 전달되는 반력에 대응하여 정밀한 힘을 가하는 토크 제어가 결합되어야 부드럽고 안정적인 주행이 가능하다.

3. 차량 거동 제어: Vehicle Motion Control(Lateral Controller)

(1) 횡방향 제어기(Lateral Controller)

목표 궤적을 따라가기 위해 얼마나 핸들을 꺾어야 할지 MPC, PID 알고리즘을 사용하여 계산한다.

(2) 차량 상태 추정기(Vehicle State Estimator)

현재 차량의 상태 속도와 회전 각속도를 알 수 있는 요레이트, 횡방향 오차 등을 파악하여 제어기에 정보를 제공한다.

(3) 출력 신호

목표 조향각 명령 (Target Steering Angle Command)을 하면 액츄에이터가 작동하여 조향하게 된다.

4. 구동 제어 (SBW ECU 및 안전)

(1) 구동제어(Actuator Control)

이 계층은 실제 모터를 움직이는 핵심 두뇌 역할을 하는 SBW 메인 ECU가 지령을 하고 안정성을 위해 이중화 처리(Redundant Processing)가 되어 있다.

(2) SBW 메인 ECU(Shift by Wire, Main ECU)

① 모터 제어 루프 (Motor Control Loop: PID/FOC)

목표 조향각 명령을 받아 실제 모터를 얼마나 세게 돌릴지 정밀하게 제어한다.

② 출력 신호

전류 명령이 떨어지면 신호는 주파수 변조방식인 PWM 신호로 모터에 보내져 작동이 된다.

③ 안전 및 진단 모니터(Safety & Diagnostics Monitor)

시스템 상태를 감시하고 이상 발생 시 안전 모드(페일세이프/페일 오퍼레이셔널)로 전환하여 안전 인터락(Safety Interlock)을 통해 위험 상황 시 작동을 차단할 수 있다.

(3) 피드백 신호(하드웨어에서 올라오는 정보)

① 실제 조향각 피드백 (SAS)은 명령 신호와 실제 작동과의 차이를 확인하여 조향각 보정을 위해 사용한다.

② 토크/조향력 피드백은 명령된 토크와 조향력과 실제 작동된 토크와 조향력을 비교하여 조향각 보정을 위해 사용한다.

5. 물리적 하드웨어 (Physical Hardware)

실제 바퀴를 움직이는 자동차 구성 부품은 아래와 같다.

(1) 전동식 파워 스티어링 모터 (Electric Power Steering Motor)

ECU의 전류 명령을 받아 실제 힘을 발생시키며 액츄에이터는 안정성을 위한 이중 권선타입을 사용한다.

(2) 랙 앤 피니언 기어박스 (Rack & Pinion Gearbox)

모터의 회전 운동을 바퀴를 미는 직선 운동으로 바꾼다.

(3) 조향각 센서 (SAS:Steering Angle Sensor)

현재 바퀴가 몇 도 꺾여 있는지 측정을 하고 안전을 위해 이중화되어 있다.

(4) 토크 센서 (Torque Sensors)

조향에 걸리는 부하를 측정합니다.

(5) 타이 로드 (Tie Rods)

기어박스와 바퀴를 연결하는 부품이다.

(6) 전륜 및 타이어 (Front Wheels & Tires)

최종적으로 차량의 방향을 바꾼다.

[참고] 자율주행 조향 제어의 주요 특징

구분	내용	비고
정밀도 (Precision)	센서 데이터와 연동하여 센티미터(cm) 단위의 정밀한 차선 유지가 가능함	
리던던시 (Redundancy)	시스템 고장 시를 대비하여 2개 이상의 모터나 제어 회로를 배치하는 이중화 설계가 필수적임	

6. 핸들없는 조향 시스템: SBW (Steer by Wire)

핸들 없는 자율주행 자동차는 단계가 높아질수록 조향 시스템은 운전석의 구조까지 변화시키게 된다.

SBW(Steer by Wire) 기술이 적용되면 핸들이 실내 공간 확보를 위해 대시보드 안으로 들어가거나(Pop-out), 아예 사라지는 설계가 가능해진다. 또한, 네 바퀴를 각각 독립적으로 제어하는 4WS (4-Wheel Steering) 기술과 결합하여 게가 옆으로 걷는 듯한 크랩 주행 등 혁신적인 기동성을 확보하게 된다.

결론적으로 안전과 신뢰의 기술조향 제어는 차량의 진행 방향을 결정하는 만큼, 오작동 시 치명적인 사고로 이어질 수 있다. 따라서 액츄에이터의 성능 향상과 더불어 고장을 스스로 진단하고 즉각 대응하는 고장 허용 제어(Fault-Tolerant Control) 기술이 향후 조향 시스템의 신뢰성을 결정짓는 척도가 될 전망이다.

그림 37 핸들없는 조향시스템의 구조

1. 가감속제어 개요

자율주행 및 전기차 시대에 접어들며 차량의 가속과 감속은 과거 내연기관의 기계식 스로틀 방식에서 벗어나, 정밀한 전류 제어(Current Control) 기술로 변화했다. 자율주행 및 미래 전기차 시스템에서 차량의 가속과 감속은 더 이상 기계적 스로틀이나 유압식 브레이크에만 의존하지 않는다. 대신 모터에 공급되는 전기에너지를 정밀하게 조절하는 전류 제어(Current Control) 기술이 그 핵심 역할을 담당한다.

이는 전기에너지를 운동에너지로 변환하는 효율을 극대화하고, 자율주행 시스템이 요구하는 미세한 속도 조절을 가능케 하는 기술적 근간이다.

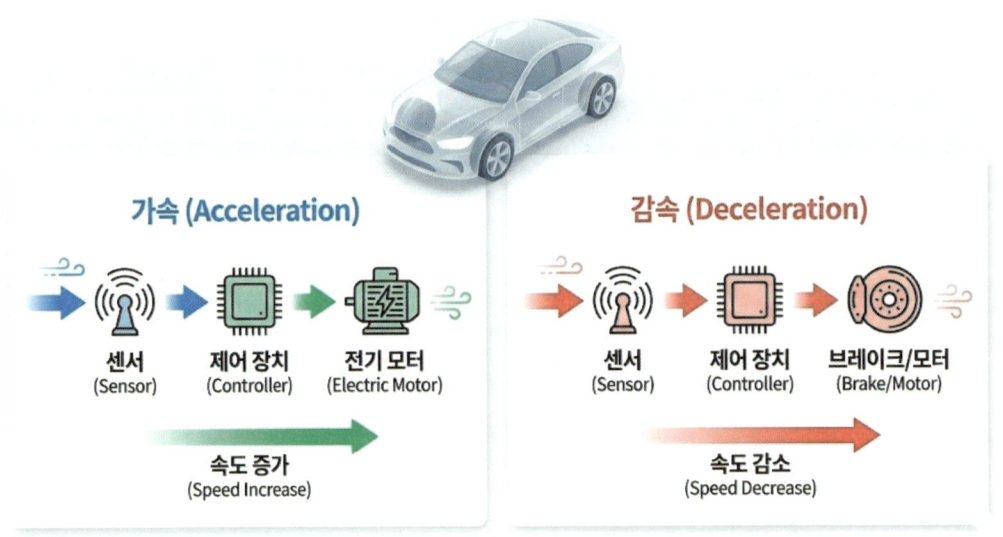

그림 38 자율주행 자동차 가속, 감속제어

2. 가속 제어 작동 원리

가속 시 핵심 (Drive-by-Wire)은 PID/MPC 컨트롤러는 모터가 필요한 토크를 즉각적으로 발생시키도록 정확한 전류를 공급하는 것이다.

알고리즘에 의해 계산된 결과값을 전기 신호 형태로 동력 제어 유닛(PCU, Powertrain Control Unit) 또는 모터 컨트롤러에 보내 신호가 과거의 물리적인 액셀 페달을 밟는 행위를 대신한다.

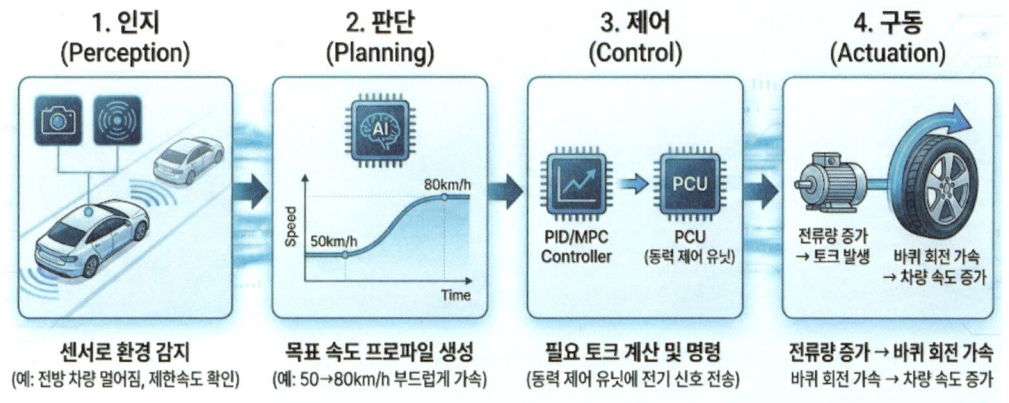

그림 39 자율주행자동차 가속 메카니즘 원리

(1) 토크 산출 및 전류 명령

전기모터의 토크는 공급되는 전류의 크기에 비례하는 특성을 갖는다.

(2) 펄스 폭 변조제어(PWM:Pulse With Modulation)

인버터는 수 kHz에서 수십 kHz의 고속 스위칭을 통해 모터 권선에 흐르는 실제 전류의 양을 조절하여 목표 토크를 구현한다. 이 과정에서 모터에 흐르는 실질적인 전류의 양이 제어되며 모터의 회전 속도와 힘이 결정된다.

(3) 피드백 루프

전류 센서가 실제 모터에 흐르는 전류를 실시간으로 측정하여 제어기로 보낸다. 제어기는 목표 값과 실제 값의 오차를 보정하여 정밀한 가속을 유지한다. 전류 센서와 속도 센서(Resolver)를 통해 현재 상태를 초당 수만 번 확인하고 오차를 수정하는 폐루프 (Closed-loop) 제어를 수행한다.

3. 감속 제어 작동 원리

자율주행 전기차의 감속은 단순히 물리적인 브레이크 패드를 마찰시키는 것을 넘어, 모터를 발전기로 활용하는 회생 제동(Regenerative Braking)을 통해 수행된다.

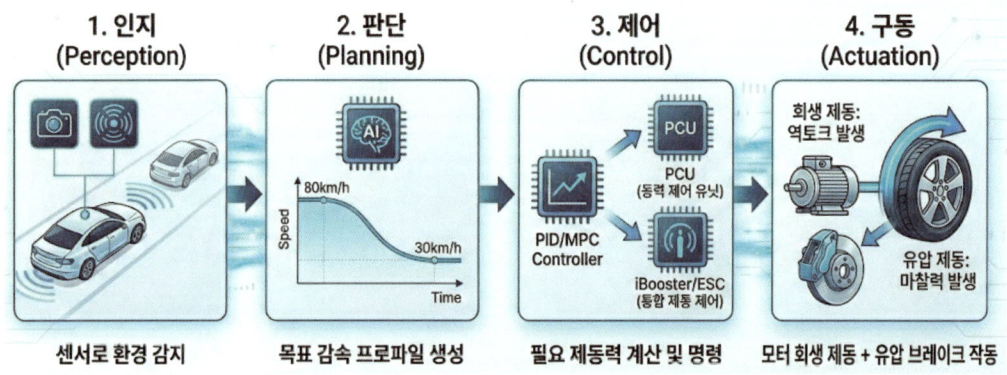

그림 40 자율주행자동차 가속 메카니즘 원리

(1) 역토크 발생

감속 신호가 입력되면 인버터는 모터에 흐르는 전류의 위상을 제어하여 주행 방향과 반대되는 역방향 토크를 발생시킨다.

(2) 발전기 모드 전환

이때 모터는 발전기의 역할을 하게 되며, 차량의 운동에너지를 전기에너지로 변환한다.

(3) 배터리 충전

변환된 전기에너지는 인버터를 거쳐 다시 배터리로 회수된다. 이 과정에서 발생하는 저항력이 차량을 감속시키는 제동력으로 작용한다.

4. 벡터 제어(FOC: Field Oriented Control)

고성능 가·감속 제어를 위해 필수적인 기술은 벡터 제어다. 이는 복잡한 3상 교류 전류를 토크를 발생시키는 전류(i_q)와 자속을 형성하는 전류(i_d)로 분리하여 제어하는 방식이다.

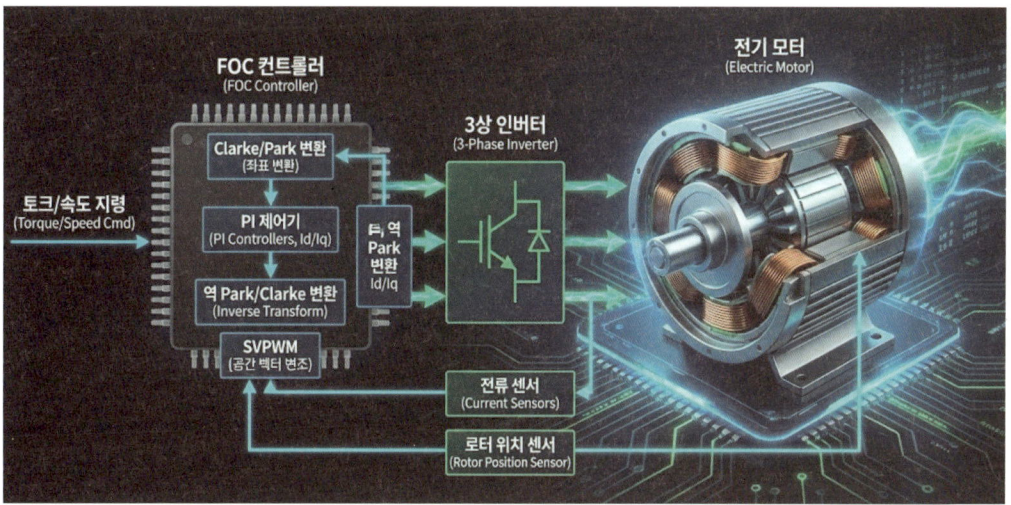

그림 41 벡터 제어 (FOC: Field Oriented Control)

[참고] 토크 성분 전류 (iq)와 자속 성분 전류 (id) 비교

제어 성분	역할	효과
토크 성분 전류 (iq)	모터의 실제 회전력을 직접 조절	모터의 실제 회전력을 직접 조절가속 응답성 향상 및 정밀한 속도 제어
자속 성분 전류 (id)	모터 내부의 자기장 세기를 조절	모터 내부의 자기장 세기를 조절고속 주행 시 효율 최적화 및 제어 안정성 확보

5. 결론

효율적이고 안전한 주행의 기반전류 제어를 통한 가·감속 기술은 기계적 손실을 최소화하고 에너지 효율을 극대화한다.

특히 자율주행 시스템과 결합될 경우, 앞차와의 거리나 도로 경사도에 따라 밀리초(ms) 단위로 전류를 미세 조정하여 승차감을 개선하고 사고를 예방하는 등 그 역할이 더욱 중요해지고 있다. 또한 급격한 노면 변화나 장애물 등장 시에도 MPC(모델 예측 제어) 등의 알고리즘과 결합하여 휠 슬립을 방지하고 최적의 가·감속 궤적을 유지한다.

6.3 **제동 제어(Braking Control): 액츄에이터를 통한 제동조작**

자율주행자동차에서 제동 제어(Braking Control)는 인지된 위험에 대응하거나 계획된 경로를 주행하기 위해 차량의 속도를 줄이거나 멈추게 하는 핵심적인 실행(Control)

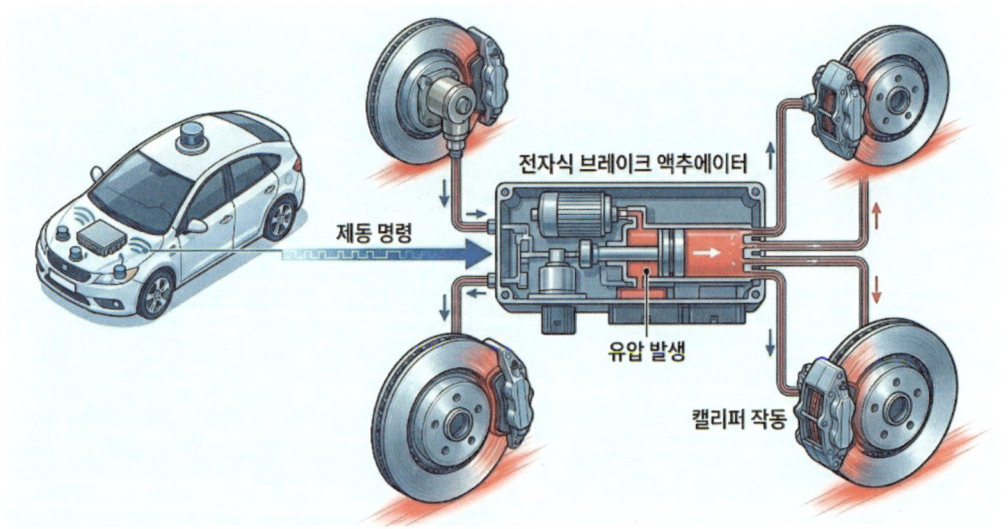

제동 명령

전자식 브레이크 액추에이터

유압 발생

캘리퍼 작동

그림 42 자율주행차 제동제어 프로세스

단계다. 기존 운전자의 발 물리력을 이용하던 방식에서 벗어나, 고성능 액츄에이터(Actuator)를 통해 전기 신호로 제동력을 생성하는 기술이 주를 이룬다.

1. 제동 제어의 개요: Brake-by-Wire로의 진화

과거의 차량은 운전자가 브레이크 페달을 밟는 힘을 진공 배력장치가 증폭시켜 유압으로 전달하는 방식이었다. 반면, 자율주행차는 운전자의 개입 없이 시스템(ECU)이 직접 제동을 명령해야 하므로 Brake-by-Wire(BBW) 시스템이 필수적이다.

페달과 제동 장치 사이의 기계적 연결을 끊고, 전기 신호(Wire)를 통해 제동력을 제어하는 방식이다. 응답 속도가 매우 빠르고, 자율주행 알고리즘과의 통합 제어가 용이하며, 정밀한 감속 제어가 가능하다.

2. 주요 구성 요소 및 작동 원리

자율주행 제동 제어는 크게 센서 → 제어기(ECU) → 액츄에이터의 흐름으로 작동한다.

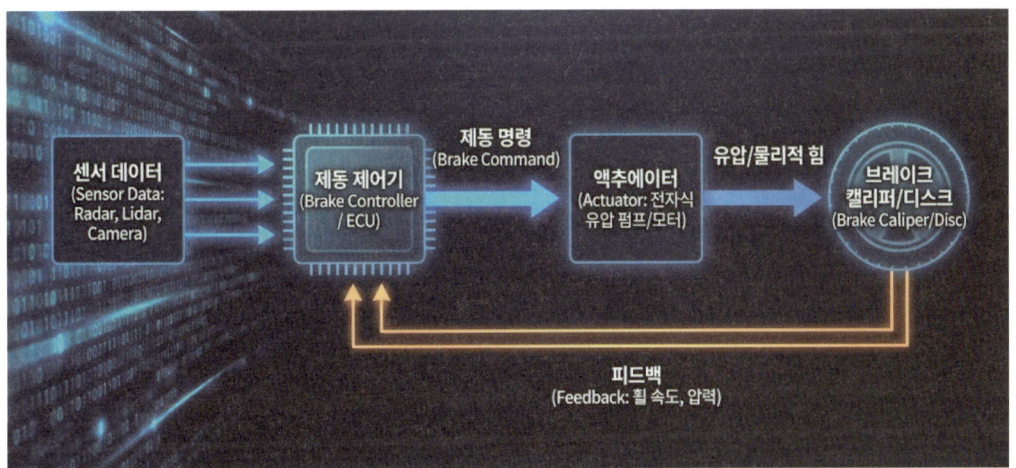

그림 43 자율주행자동차 제동제어 작동 메카니즘

(1) 전동식 부스터 (EMB:Electro Mechanical Brake Booster)

기존의 유압식 진공 펌프를 대신하여 전기 모터를 사용하는 장치이다.

ECU가 제동 신호를 보내면 모터가 회전하여 마스터 실린더를 밀어낸다. 이때 발생하는 유압이 각 바퀴의 캘리퍼로 전달되어 제동이 이루어진다. 대표 사례로는 보쉬(Bosch)의 iBooster, 만도(Mando)의 IDB 등이 있다.

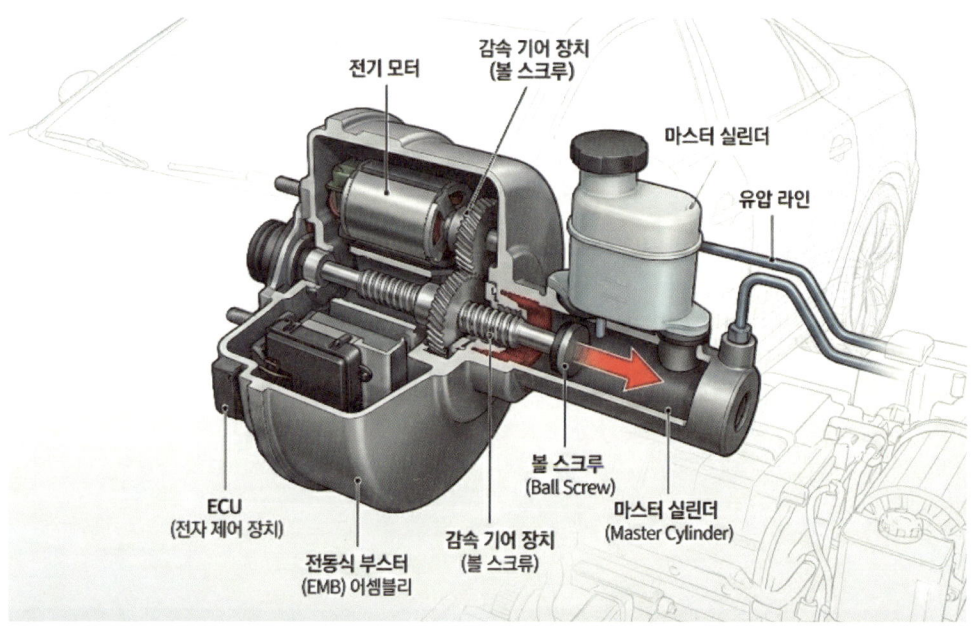

그림 44 전동식 부스터 (EMB)의 구조

(2) 전자식 제동 제어 장치 (ESC, Electronic Stability Control)

자율주행차에서는 ESC가 단순히 자세 제어에 그치지 않고, 주 제동 장치가 고장 났을 때를 대비한 백업(Back up) 액추에이터 역할을 수행한다.

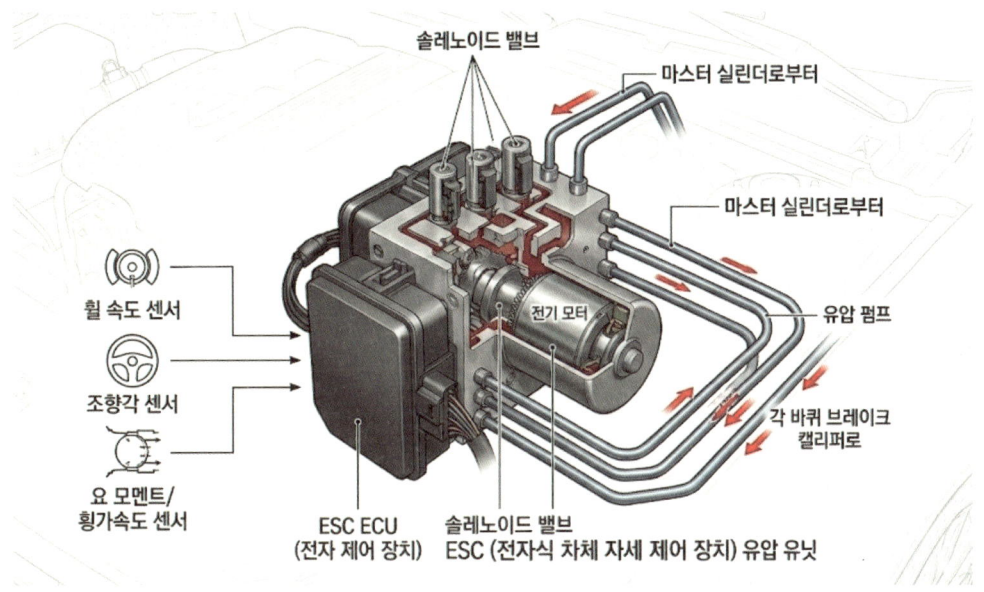

솔레노이드 밸브

마스터 실린더로부터

마스터 실린더로부터

휠 속도 센서

조향각 센서

전기 모터

유압 펌프

요 모멘트/
횡가속도 센서

ESC ECU
(전자 제어 장치)

솔레노이드 밸브
ESC (전자식 차체 자세 제어 장치) 유압 유닛

각 바퀴 브레이크
캘리퍼로

그림 45 전자식 제동 제어 장치 (ESC)의 구조

(3) EMB (Electromechanical Brake)

　최근 연구되는 기술로, 유압 라인 자체를 없애고 각 바퀴에 직접 모터가 달린 캘리퍼를 장착하는 방식이다. 유압액 유출 위험이 없고 구조가 단순해지는 장점이 있다.

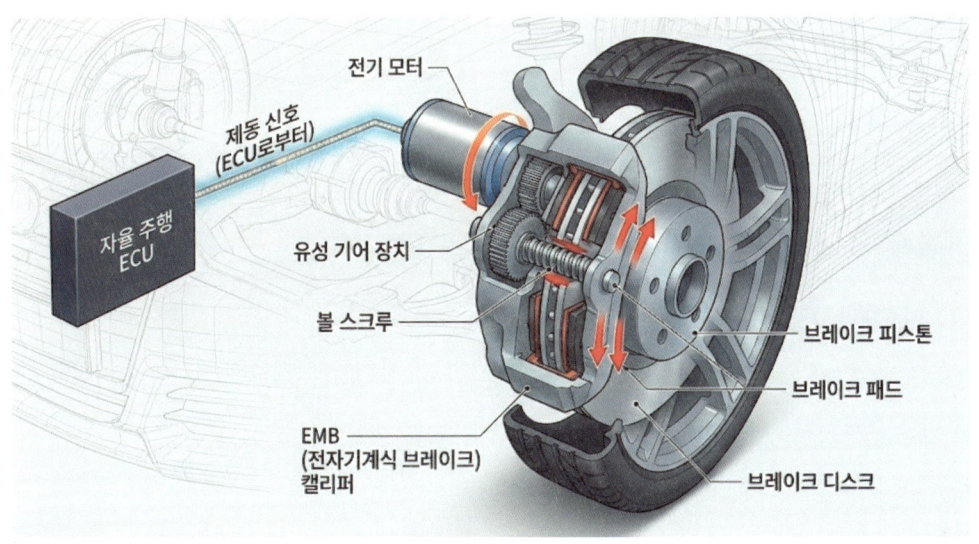

전기 모터

제동 신호
(ECU로부터)

자율 주행
ECU

유성 기어 장치

볼 스크루

브레이크 피스톤

브레이크 패드

EMB
(전자기계식 브레이크)
캘리퍼

브레이크 디스크

그림 46 EMB의 구조 메커니즘

3. 제동 액추에이터의 작동 프로세스

자율주행 시스템 내에서 제동이 실행되는 물리적 단계는 다음과 같다.

(1) 목표 감속도 산출

ADAS(첨단 운전자 보조 시스템) 또는 자율주행 제어기에서 차량의 현재 속도와 장애물과의 거리를 계산하여 필요한 목표 감속도(a_{target})를 결정한다.

(2) 전기 신호 변환

제어기는 목표 감속도를 구현하기 위해 필요한 제동압(P_{brake}) 신호를 액추에이터로 전송한다.

(3) 액추에이터 구동

액추에이터 내부의 모터가 작동하여 유압을 발생시키거나, EMB의 경우 직접 패드를 디스크에 밀착시킨다.

(4) 피드백 제어

휠 스피드 센서 등을 통해 실제 감속도를 모니터링하며 목표값에 도달할 때까지 실시간으로 제동력을 조절한다.

$$F_{braking} = m \cdot a_{target} \text{ (여기서 m은 차량의 질량, } a_{target} \text{은 목표 감속도이다.)}$$

4. 자율주행을 위한 이중화(Redundancy) 설계

자율주행 레벨 3 이상의 시스템에서는 제동 장치의 결함이 곧 대형 사고로 이어질 수 있다. 따라서 리던던시(Redundancy) 확보가 가장 중요하다.

(1) 이중제어 구조

주 제동중 1차 액츄에이터에 문제가 생기면, 2차 보조 액츄에이터(ESC :Electrical Stability Control)가 즉시 개입하여 최소한의 제동력을 확보한다.

(2) 독립 전원 공급

통신 라인뿐만 아니라 전원 공급 장치 또한 이중으로 설계하여 시스템의 안정성을 극대화한다. 자율주행자동차의 제동 제어는 단순한 감속을 넘어 차량의 동역학적 안정성을 실시간으로 책임지는 핵심 기술이다.

[참고] 인간운전 Vs 자율주행 액츄에이터 제어 비교

인간 운전	자율주행
경험 기반	모델 기반
감각적 보정	수학적 최적화
즉흥적	예측 중심
불완전하지만 자연스러움	정확하지만 어색할 수 있음

자율주행의 품질은 움직임에서 완성된다. 센서와 AI는 보이지 않으며 가속, 조향, 제동은 몸으로 느껴진다. 자율주행 자동차가 대중에게 받아들여지는 순간은 알고리즘이 똑똑해졌을 때가 아니라, 사람들이 차의 움직임을 의식하지 않게 되었을 때이며 액추에이터 제어는 자율주행 기술의 마지막 단계이자, 가장 인간적인 기술이다.

07 자율주행 디지털 신경망(Digital Nervous System): 플랫폼, 통신, 보안, 지도, 클라우드

7.1 플랫폼 계층(Computing): 차량용 컴퓨터, 운영체계OS

자율주행자동차는 단순히 이동하는 수단을 넘어, 거대한 바퀴 달린 고성능 컴퓨터로 진화하고 있다. 수많은 센서 데이터를 실시간으로 처리하고 판단하기 위한 컴퓨팅 플랫폼 계층은 자율주행의 안전성과 효율성을 결정짓는 핵심 요소다.

차량용 컴퓨터부터 인공지능(AI) 가속기까지, 자율주행 컴퓨팅 플랫폼의 구조와 작동 원리에 대해서 일아 보고자 한다.

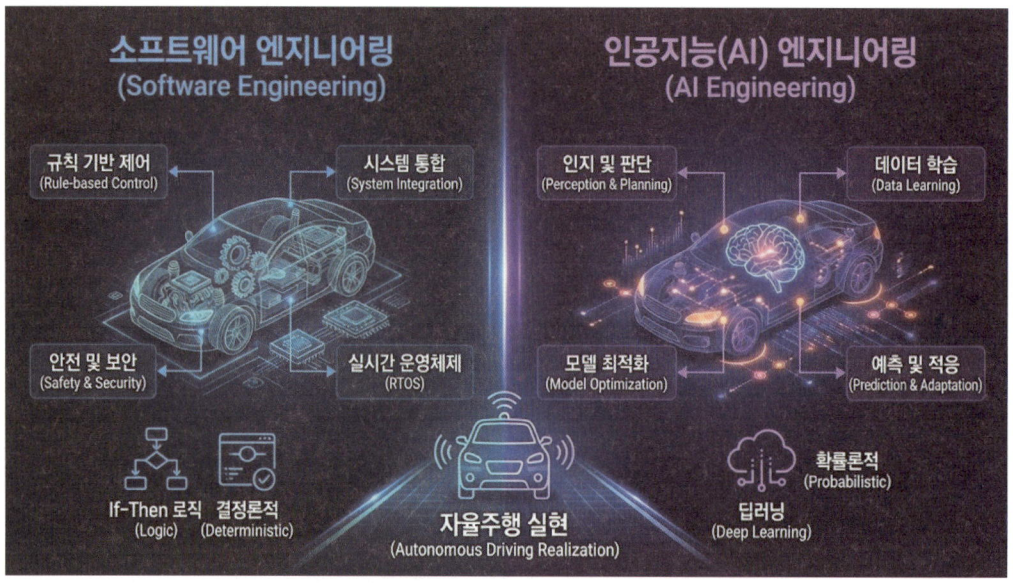

그림 47 소프트엔지니어링과 인공지능(AI)엔지니어링 비교

1. 플랫폼 계통(Computing)의 개요

컴퓨팅 아키텍처의 변화는 분산형에서 중앙 집중형으로 변화하고 있다.

과거의 자동차는 창문 제어, 엔진 제어 등 각 기능별로 수십 개의 ECU(Electronic Control Unit)가 흩어져 있는 분산형 구조였다. 하지만 자율주행은 대용량 데이터를 통합 처리해야 하므로, 강력한 연산 능력을 갖춘 중앙 집중형 고성능 컴퓨터(HPC, High Performance Computer) 구조로 급격히 재편되고 있다.

영역 제어(Zonal Architecture)는 차량을 물리적 구역(Zone)으로 나누어 데이터를 수집하고, 이를 중앙의 강력한 컴퓨터가 통합 제어하는 방식이다. 배선이 줄어들고 데이터 전송 효율이 극대화된다.

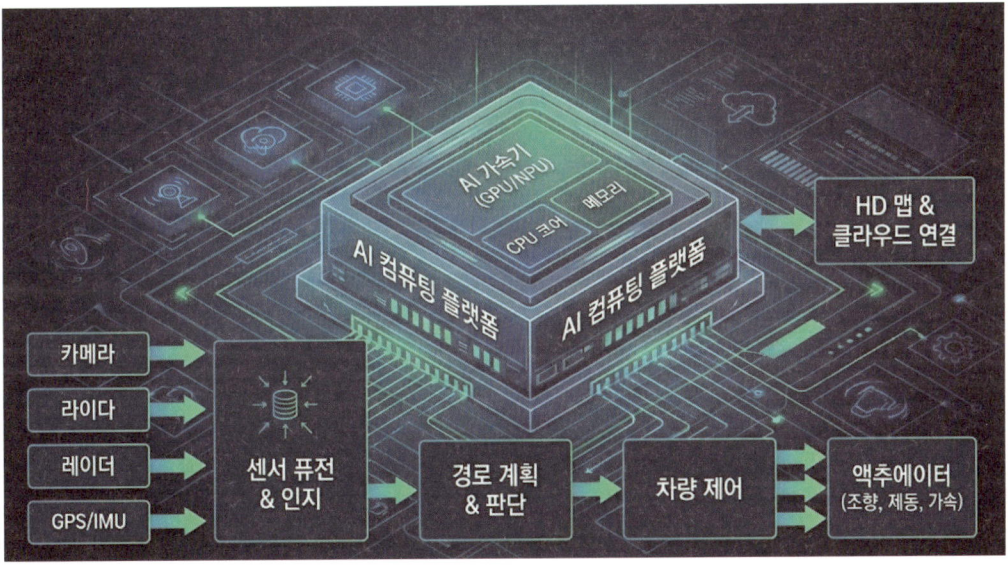

그림 48 플랫폼 계통(Computing)의 구조

2. 하드웨어 계층: GPU와 AI 가속기의 역할

자율주행차의 눈인 카메라, 라이다 등이 받아들이는 방대한 데이터를 처리하기 위해서는 일반적인 CPU만으로는 역부족이다.

(1) GPU(Graphics Processing Unit)

수만 개의 데이터를 동시에 처리하는 병렬 연산에 최적화되어 있다. 딥러닝 알고리즘을 구동하여 도로 위 객체를 실시간으로 인식하는 데 필수적이다.

(2) NPU/AI Accelerator

AI 연산만을 위해 설계된 전용 반도체다. 엔비디아(NVIDIA)의 Orin, 테슬라의 FSD 칩 등이 대표적이며, 낮은 전력으로 고속의 추론 연산을 수행한다.

(3) ECU와 HPC의 공존

기존의 저사양 ECU는 조향, 제동 등 단순 실행 단계의 말단 신경 역할을 하며, 고성능 HPC는 대뇌 역할을 수행하는 구조로 협력한다.

(4) 하드웨어 비교

NVIDIA DRIVE Orin vs. Tesla FSD

자율주행 컴퓨팅 플랫폼의 양대 산맥인 엔비디아와 테슬라는 범용성과 수직 계열화라는 서로 다른 철학을 가지고 있다. NVIDIA Orin은 강력한 GPU 성능을 바탕으로 복잡한 센서 데이터의 전처리부터 딥러닝 추론까지 전 영역을 커버하며, 특히 CUDA라는 강력한 개발 환경 덕분에 알고리즘 이식성이 뛰어나다. 2026년 현재는 후속작인 토르(Thor)가 시장의 주류로 부상하며 1,000~2,000 TOPS 시대를 열었다. Tesla FSD는 범용성보다는 테슬라의 Neural Network(NN)를 가장 빠르고 저전력으로 돌리는 데 집중해서 불필요한 기능을 제거하고 오직 AI 추론에 최적화된 NPU(Neural Processing Unit) 설계가 특징이다.

(5) TOPS(Tera Operations Per Second)

2026년 현재 자율주행 및 에지 AI 하드웨어 시장에서 슈퍼 컴퓨팅의 기준이 되는 압도적인 성능 지표이다. 1 TOPS가 초당 1조 번의 연산을 의미하므로, 이 범위는 초당 1,000조~2,000조 번의 연산이 가능한 수준을 말한다. 과거 레벨 2~3 자율주행이 100~300 TOPS 수준에서 구현되었다면, 1,000 TOPS 이상의 성능은 레벨 4(고도 자율주행) 및 레벨 5(완전 자율주행)를 위한 필수 조건이다.

① 멀티 센서 퓨전

10개 이상의 고해상도 카메라, 라이다(LiDAR), 레이더 데이터를 실시간으로 통합 처리한다.

② 엔드 투 엔드(End-to-End) AI

인지부터 판단, 제어까지 하나의 거대한 신경망(Transformer 기반 등)으로 처리하는 고부하 연산을 지원한다.

③ 물리적 AI(Physical AI)

자동차를 넘어 휴머노이드 로봇이 복잡한 물리 법칙을 계산하며 실시간으로 움직일 수 있게 하는 지능의 토대가 된다.

(6) 주요 하드웨어(SoC: System on a Chip) 사례

현재 이 시장을 주도하고 있는 대표적인 2,000 TOPS급 칩셋(Chip Set)들은 다음과 같으며, 단순히 연산 횟수(TOPS)만 높다고 해서 성능이 보장되는 것은 아니며, 2026년 기준 하드웨어 설계에서 가장 강조되는 부분은 다음과 같습니다.

① 메모리 대역폭(Bandwidth)

연산 장치가 아무리 빨라도 데이터를 공급하는 속도가 느리면 병목 현상이 발생하는 Tesla AI 5는 약 440GB/s 이상의 대역폭을 확보하고 있다.

② 연산 정밀도(FP8 / FP4)

이전의 INT8(정수형)보다 더 유연하고 효율적인 FP8(8비트 부동소수점) 혹은 FP4 연산을 지원하여 전력 소모를 줄이면서 성능을 극대화시킨다.

③ 와트당 성능(Efficiency)

전기차의 주행 거리에 직접적인 영향을 미치므로, 고성능을 내면서도 전력 소비를 200W~350W 수준으로 억제하는 기술이 핵심이다.

④ SoC (System on a Chip)는 다음과 같은 구조로 운영이 된다.

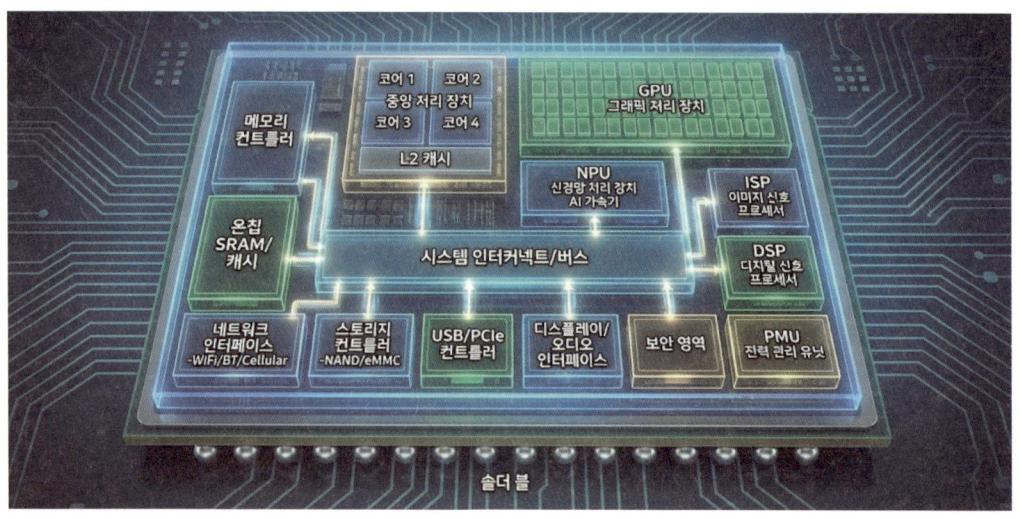

그림 49 SoC(System on a Chip)의 내부 구조

- CPU(중앙연산처리장치):시스템의 연산 및 제어 담당
- GPU(그래픽처리장치):영상 및 그래픽 데이터 처리
- 메모리(RAM/ROM): 데이터 임시저장 및 실행
- NPU(신경망처리): AI 및 머신러닝 연산 가속
- 통신모뎀: Wi-Fi, Bluetooth, 5G/LTE 연결
- 입출력 인터페이스: USB, 디스플레이 연결

[참고] 칩셋(Chip Set) TOPS 사양 제조사 비교

제품명	제조사	주요 사양 및 성능	비고
DRIVE Thor	NVIDIA	최대 2,000 TOPS (FP4 기준)	Orin의 후속작으로, 자동차와 로보틱스 통합 플랫폼
AI 5 (HW 5.0)	Tesla	1,000~2,000+TOPS(추정)	AI 4 대비 약 3~5배 성능 향상, 로보택시의 핵심
Snapdragon Ride Elite	Qualcomm	천 단위 TOPS급 구성 가능	콕핏(인포테인먼트)과 자율주행을 하나로 통합
Huashan A2000	Black Sesame	1,000 TOPS 이상급	중국 시장의 강력한 대안으로 최근 글로벌 승인 획득

[참고] 엔비디아 DRIVE Orin vs. 테슬라 FSD 비교

비교 항목	엔비디아 DRIVE Orin (SOP 기준)	테슬라 FSD (HW 5.0/AI 5 기준)
아키텍처	Ampere/Lovelace GPU + ARM Hercules CPU	Custom SoC (NPU 중심)
연산 성능	최대 2,000 TOPS (FP4 기준)	1,000~2,000+TOPS (추정)
전략 방향	Open Platform (다양한 OEM 공급)	Vertical Integration (테슬라 전용)
핵심 강점	검증된 CUDA 에코시스템, 높은 확장성	인퍼런스 최적화, 전력 효율성 (Performance/Watt)
메모리	LPDDR5 (205 GB/s 대역폭)	GDDR6 (고대역폭 메모리 설계)

3. 소프트웨어 계층: 자동차 전용 OS(Operating System) 와 미들웨어

자율주행차의 운영체제(OS)는 일반 PC용 OS와 달리 실시간성(Real-time)과 안전성이 최우선이다. 자율주행 OS는 커널 수준에서 오류가 발생하더라도 시스템 전체가 멈추지 않도록 하는 결함 허용(Fault Tolerance) 설계가 필수적이다.

자율주행차라는 거대하고 복잡한 달리는 슈퍼컴퓨터의 모든 하드웨어와 소프트웨어를 관리하고 조율하는 중추 신경계이자 지휘자 역할을 수행하는 핵심 소프트웨어 플랫폼이다.

자율주행차는 수많은 카메라, 라이다, 레이더등 센서에서 들어오는 데이터를 실시간으로 분석, 인지하고, 어떻게 움직일지 판단하여 결정하며, 실제 차량의 조향 및 제동 장치를 제어 하여야 한다.

OS는 RTOS(Real-Time Operating System, 실시간 운영체제)의 성격을 가져야 한다. 엄청난 양의 데이터와 복잡한 AI 알고리즘들이 서로 충돌 없이, 정해진 시간 안에 완벽하게 작동하도록 관리하는 기반 시스템이 바로 자율주행차 OS이다.

(1) Adaptive AUTOSAR 아키텍처

기존의 Classic AUTOSAR가 엔진 제어와 같은 정적이고 안전성이 최우선인 제어기 (ECU)를 위한 것이라면, Adaptive AUTOSAR는 자율주행과 같은 고성능 연산과 유연한 업데이트가 필요한 HPC(High Performance Computer)를 위해 탄생했다. AUTOSAR는 자동차 전자제어 부품(ECU)의 소프트웨어를 만드는 전 세계 공통의 설계도 및 표준 규약 이다.

자동차가 전자화되면서 수십, 수백 개의 ECU(Electronic Control Unit)가 들어가게 되었는데, 과거에는 각 부품사가 제각각의 방식으로 소프트웨어를 구성하여 사용하였으나

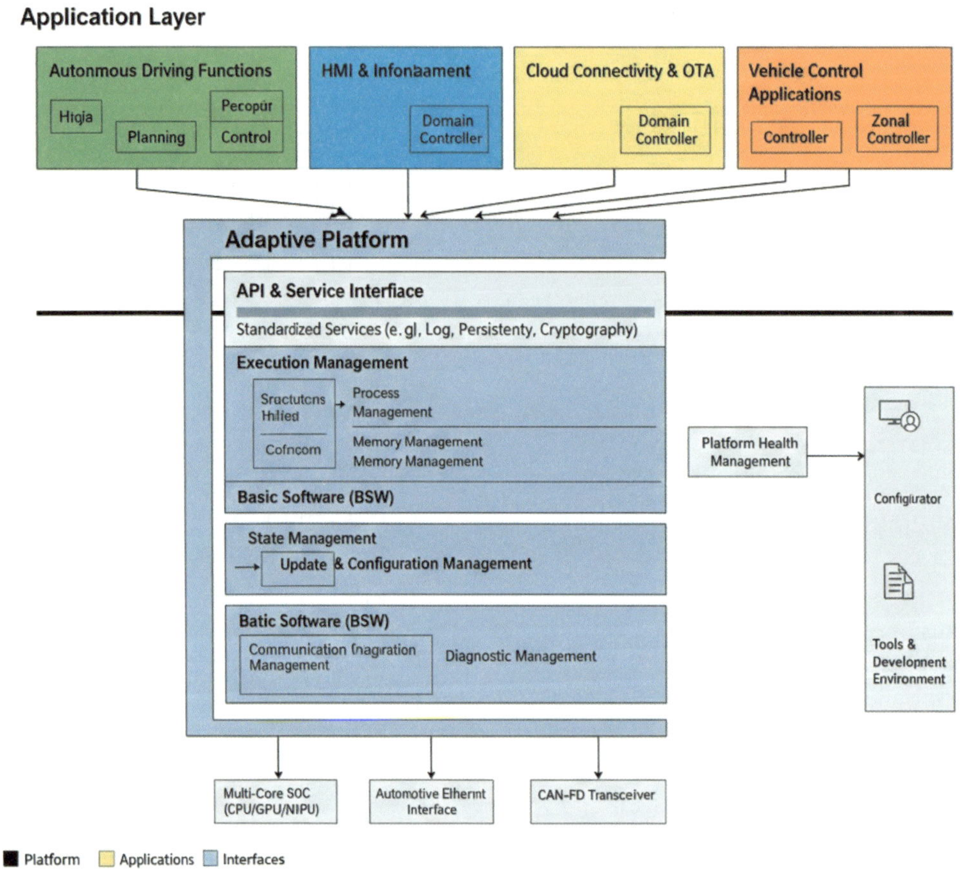

Application Layer

Autonmous Driving Functions	HMI & Infonaament	Cloud Connectivity & OTA	Vehicle Control Applications
Higia Planning Pecopúr Control	Domain Controller	Domain Controller	Controller Zonal Controller

Adaptive Platform

API & Service Interfiace

Standardized Services (e. gl, Log, Persistenty, Cryptography)

Execution Management

| Sractutcns Hhlied → | Process Management |
| Cofncom | Memory Management Memory Management |

Basic Software (BSW)

State Management

→ | Update & Configuration Management

Batic Software (BSW)

| Communication Inagration Management | Diagnostic Management |

Platform Health Management

Configurator

Tools & Development Environment

| Multi-Core SOC (CPU/GPU/NIPU) | Automotive Elhernt Interface | CAN-FD Transceiver |

■ Platform ■ Applications ■ Interfaces
Source: AUTOSAR.org / TechBook 2026

그림 50 Adaptive AUTOSAR 아키텍처

이로 인해 통합이 어렵고, 하드웨어가 바뀌면 소프트웨어를 처음부터 다시 짜야 하는 비효율이 발생하였다.

이 문제를 해결하기 위해 하드웨어가 바뀌어도 상위 소프트웨어는 그대로 쓸 수 있도록 구조를 표준화하자는 약속이 바로 AUTOSAR이다. AUTOSAR의 핵심은 소프트웨어를 햄버거처럼 여러 층(Layer)으로 나누고, 각 층의 역할과 연결 방식(인터페이스)을 표준화한 것이다. 가장 중요한 개념은 응용 소프트웨어와 하드웨어의 분리(Decoupling)이다.

① 응용 소프트웨어 계층 (가장 위)

브레이크를 밟으면 속도를 줄여라와 같은 실제 차량의 기능을 구현하는 로직이며, 계층은 아래 하드웨어가 어떤 칩인지 신경 쓰지 않고 순수하게 기능 기능 구현에만 집중한다.

② RTE (Runtime Environment, 중간 허리)

여기가 핵심이다. 위층에 응용 SW와 아래층에 기반 SW 사이에서 통역사 역할을 한다. 표준화된 통로 역할을 하여, 위아래 층이 서로 직접 연결되지 않고 이 RTE를 통해서만 소통하게 한다.

③ 기반 소프트웨어 계층 (BSW, 아래층)

하드웨어와 직접 맞닿는 부분이며, 특정 반도체 칩(MCU)을 제어하거나 CAN 통신 규약등을 다룬다. 이것은 마치 스마트폰에서 안드로이드라는 공통 플랫폼 즉 AUTOSAR와 유사한 역할이 있기 때문에, 삼성폰이든 구글폰이든 하드웨어는 달라도 카카오톡 응용 소프트웨어 앱은 똑같이 실행될 수 있는 것과 비슷한 원리이다.

(2) 핵심 계층 구조: (ARA: AUTOSAR Runtime for Adaptive applications)

응용 소프트웨어가 하드웨어에 종속되지 않고 작동할 수 있게 해주는 인터페이스이며, 통신, 보안, 상태 관리 등 표준화된 서비스를 제공한다.

① SOA (Service-Oriented Architecture)

기존의 신호 기반(Signal-based) 통신이 아닌 서비스 기반 통신(SOME/IP)을 사용하고 필요한 데이터가 있을 때만 요청하고 응답받는 방식으로, 대용량 데이터 처리에 효율적이다.

② OS (Operating System)

실시간성과 복잡한 연산을 동시에 지원하기 위해 POSIX 표준을 따르는 OS(QNX, Linux 등) 위에서 구동된다.

③ 동적 리소스 할당

주행 상황에 따라 필요한 기능(예: 주차 보조 모드 ↔ 고속도로 자율주행 모드)에 연산 자원을 유동적으로 배분한다.

④ OTA (Over-the-Air) 업데이트

차량 전체 시스템을 끄지 않고도 특정 소프트웨어 컴포넌트만 실시간으로 업데이트할 수 있다.

⑤ 이중화 (Redundancy) 구현

소프트웨어적으로 기능의 복제와 감시가 용이하여 ASIL 등급 달성에 유리하다.

[참고] 소프트웨어(SoftWare) 개념 비교

구분	주요 특징	대표 사례
RTOS	정해진 시간 내에 반드시 연산을 완료해야 하는 실시간 운영체제	BlackBerry QNX, Green Hills, Linux 계열
AUTOSAR	차량용 소프트웨어 표준 플랫폼으로 제어기 간 호환성 확보	Adaptive AUTOSAR
자율주행	스택인지, 판단, 제어를 수행하는 상위 소프트웨어 레이어	ROS2, NVIDIA DriveOS

* RTOS(Real-Time Operating System): OS의 실시간 운영체계
* AUTOSAR(Automotive Open System ARchitecture): 전 세계 주요 자동차 제조사(OEM), 부품 공급사(Tier 1), 반도체 및 소프트웨어 회사들이 공동으로 참여해 만든 거대한 파트너십이자 표준 이름

4. 데이터 흐름으로 보는 작동 원리

컴퓨팅 플랫폼 내부에서 데이터는 다음과 같은 메커니즘으로 순환한다.

(1) 데이터 수집 (Input)

카메라, 라이다(LiDAR), 레이더 센서가 초당 수 기가바이트(GB)의 데이터를 생성한다.

(2) 센서 퓨전 및 인지 (Perception)

GPU와 AI 가속기가 이 데이터를 융합하여 주변 차량, 보행자, 차선의 위치를 파악한다.

(3) 경로 계획 및 판단 (Planning)

V2X(차량-사물 통신) 데이터와 정밀 지도를 결합해 최적의 주행 경로를 생성한다. 이때 복잡한 확률 기반의 의사 결정 알고리즘이 가동된다.

(4) 제어 명령 하달 (Control)

결정된 값을 차량 하부의 제어기인 ECU로 전달하여 물리적인 조향과 제동을 수행한다.

5. 실측 데이터의 중요성

자율주행 인공지능이 도로의 물리적 법칙과 인간의 운전 습관을 학습하기 위해서는 막대한 양의 실측 데이터(Real-world Data)가 필수적이다. 시뮬레이션 데이터는 가상 환경의 한계가 존재하므로, 제조사들은 실제 도로에서 수집한 데이터를 통해 알고리즘의 신뢰성을 검증하고 엣지 케이스(Edge Case)를 해결하는 데 집중한다.

(1) 실측 데이터의 핵심 용도 (Key Applications)지각 및 인식 학습(Perception Training)

다양한 기상 조건, 조도 변화, 복잡한 도심 장애물을 인공지능이 오차 없이 식별하도록 학습시키는 기초 자료로 활용한다.

(2) 행동 예측 및 의사결정(Prediction & Planning)

주변 보행자나 차량의 비정형적인 움직임을 데이터화하여, 시스템이 인간과 유사한 사회적 지능을 갖추도록 훈련하는 데 사용한다.

(3) 섀도 모드(Shadow Mode) 검증

실제 주행 중인 양산차에서 자율주행 알고리즘을 백그라운드로 구동하여, 인간의 실제 조작과 인공지능의 판단 차이를 분석하고 성능을 고도화한다.

① 주요 제조사별 데이터 규모 및 전략 분석

제조사	데이터 수집 전략	누적 주행 거리 (2026년 추정치)	핵심 활용처
테슬라 (Tesla)	전 세계 양산차 함대(Fleet) 기반의 대량 수집	약 150억 마일 이상 (FSD 가동 기준)	엔드-투-엔드(End-to-End) 신경망 훈련 및 도조(Dojo) 슈퍼컴퓨터 학습
웨이모 (Waymo)	고정밀 센서를 장착한 전문 로보택시 운영	실도로 약 3,000만 마일 / 시뮬레이션 약 300억 마일	레벨 4 로보택시의 무결성 검증 및 고성능 라이다 데이터 정제
모셔널 (Motional/ 현대차)	로보택시 상용 서비스 및 테스트 차량 운영	수백만 마일 수준 (라스베이거스 등 거점 중심)	아이오닉 5 로보택시의 도심 주행 안전성 및 원격 관제 최적화
모빌아이 (Mobileye)	REM(Road Experience Management) 크라우드 소싱	전 세계 수백만 대의 장착 차량 데이터 활용	정밀 지도(REM Map) 실시간 업데이트 및 저전력 ADAS 알고리즘

- 테슬라 (Tesla): 데이터의 양(Quantity)에서 독보적이다. FSD(Full Self-Driving) V12 이후 엔드-투-엔드 방식을 채택하며, 전 세계 도로에서 발생하는 수많은 변수를 학습 데이터셋으로 전환하여 인공지능의 주행 유연성을 극대화하고 있다.
- 웨이모 (Waymo): 데이터의 질(Quality)과 시뮬레이션 결합에 집중한다. 실제 주행 거리는 테슬라보다 적으나, 모든 데이터에 고성능 라이다 정보가 포함되어 있어 매우 정밀하며, 이를 바탕으로 한 가상 시뮬레이션 주행(Carcraft) 거리는 압도적이다.
- 현대차/모셔널 (Hyundai/Motional): 로보택시 서비스 거점(미국 라스베이거스 등)을 중심으로 고난도 도심 데이터를 집중 수집한다. 특히 다양한 보행자 돌발 상황과 교차로 데이터를 확보하여 현대차그룹의 SDV(소프트웨어 중심 자동차) 전환 전략의 핵심 자산으로 평가한다.

② 데이터 수집의 기술적 한계와 해결책

- **데이터 레이블링(Data Labeling)의 자동화:** 수집된 방대한 영상/포인트 클라우드 데이터를 인간이 일일이 분류하는 것은 불가능하다. 최근에는 AI가 AI의 데이터를 직접 레이블링하는 자동 레이블링(Auto-labeling) 기술을 통해 학습 효율을 높이고 있다.
- **롱테일(Long-tail) 문제:** 발생 확률은 극히 낮지만 사고 위험이 높은 엣지 케이스 데이터를 얼마나 효율적으로 추출하여 학습시키느냐가 자율주행 완성도를 결정하는 척도가 된다.

6. 미래 전망

자율주행 컴퓨팅 플랫폼은 하드웨어가 아닌 소프트웨어가 차량의 성능과 가치를 결정하는 SDV(Software Defined Vehicle) 시대로 나아가고 있다. 스마트폰처럼 무선 업데이트(OTA)를 통해 차량 기능을 개선하고 새로운 AI 모델을 탑재하는 것이 일상화될 전망이다. 자율주행 컴퓨팅 아키텍처는 기술적 난도가 매우 높은 분야로, 하드웨어와 소프트웨어의 최적화된 통합이 관건이다. 하드웨어(HW)는 연산의 그릇을 제공하고, 소프트웨어(SW)인 Adaptive AUTOSAR는 그 위에서 지능형 서비스를 유연하게 구동하는 신경계 역할을 한다.

7. 현대차와 볼보의 중앙 집중형 아키텍처(Centralized Architecture) 실제 사례

현대자동차와 볼보는 SDV(Software Defined Vehicle) 시대를 선도하며 하드웨어 구조를 단순화하고 소프트웨어 제어력을 극대화하는 방향으로 나아가고 있다.

(1) 현대자동차그룹

현대차는 통합 모듈러 아키텍처(IMA)와 ccOS 사용하는데 기존의 복잡한 ECU들을 기능별로 묶는 도메인 집중형을 넘어, 전역을 통합 제어하는 중앙 집중형 아키텍처로 전환 중이다.

① ccOS (Connected Car Operating System)

현대차 자체 개발 OS로, 차량 내 하드웨어와 소프트웨어를 유연하게 연결하여 고성능 컴퓨팅(HPC)을 통해 방대한 데이터를 통합 처리한다.

② Zonal Control (영역 제어)

차량을 물리적 구역으로 나누어 데이터를 수집하고, 중앙의 고성능 컴퓨터가 의사 결정을 내리고 이를 통해 와이어링 하네스(배선)를 획기적으로 줄여 차량 무게를 절감했다.

(2) 볼보(Volvo)

EX90의 코어 컴퓨팅(Core Computing) 볼보는 엔비디아(NVIDIA)와 협력하여 중앙 집중형 컴퓨팅 시스템을 가장 먼저 양산차(EX90)에 적용한 사례 중 하나이다.

① Core Computer: NVIDIA DRIVE Orin을 기반으로 하는 단일 코어 시스템이 안전, 인포테인먼트, 자율주행 등 차량의 거의 모든 기능을 관리하며, 소프트웨어 오류 수정이나 기능 추가를 OTA (Over-the-Air)로 즉각 수행할 수 있어 시스템 간 데이터 병목 현상을 최소화했다.

8. 자율주행 AI 모델 경량화(Optimization) 기술

차량용 하드웨어 자원은 제한적이기 때문에, 거대한 딥러닝 모델을 그대로 올리는 것은 불가능하며, 이를 해결하기 위한 3대 핵심기술은 가지치기 (Pruning)원리, 양자화 (Quantization)원리, 지식 증류 (Knowledge Distillation)원리가 있다.

(1) 가지치기 (Pruning)원리

신경망 모델에서 결과에 큰 영향을 미치지 않는 중요도가 낮은 파라미터(Weight)나 뉴런을 제거하는 방식이며 모델의 크기는 줄이면서 연산 속도를 높일 수 있다. 마치 나무의 잔가지를 쳐서 수형을 잡는 것과 같다.

(2) 양자화 (Quantization)원리

가중치(Weight)의 정밀도를 낮추는 기술이며 예를 들어 32비트 부동소수점(FP32) 데이터를 8비트 정수형(INT8)으로 변환해서 메모리 사용량을 1/4 수준으로 줄이고 연산 속도를 비약적으로 향상시키는 방식이며 약간의 정확도 손실이 발생할 수 있으나, 자율주행 추론 속도 확보에 필수적이다.

(3) 지식 증류 (Knowledge Distillation)원리

크고 복잡한 교사 모델(Teacher Model)의 학습 결과를 작고 가벼운 학생 모델(Student Model)에게 전수하는 기법으로 작은 모델이 큰 모델의 성능에 근접하면서도 훨씬 적은 연산량으로 작동하게 만든다.

7.2 통신 계층(Communication): V2X, V2I, 5G

자율주행자동차가 스스로 길을 찾고 사고를 예방하기 위해서는 차량 내부의 센서(인지)와 컴퓨터(판단)만큼이나 중요한 것이 있다.

바로 외부 세상과 끊임없이 정보를 주고받는 통신 계층(Communication Layer)이다. 센서의 한계를 넘어 보이지 않는 사각지대까지 파악하게 하는 V2X와 5G 통신 기술의 핵심 원리를 알아 보고자 한다.

1. V2X(Vehicle-to-Everything): 모든 것과의 대화

V2X는 차량이 도로 위의 다양한 요소와 무선으로 정보를 교환하는 기술을 통칭한다. 자율주행차의 사회성을 담당하는 기술로, 크게 네 가지 세부 기술로 나뉜다.

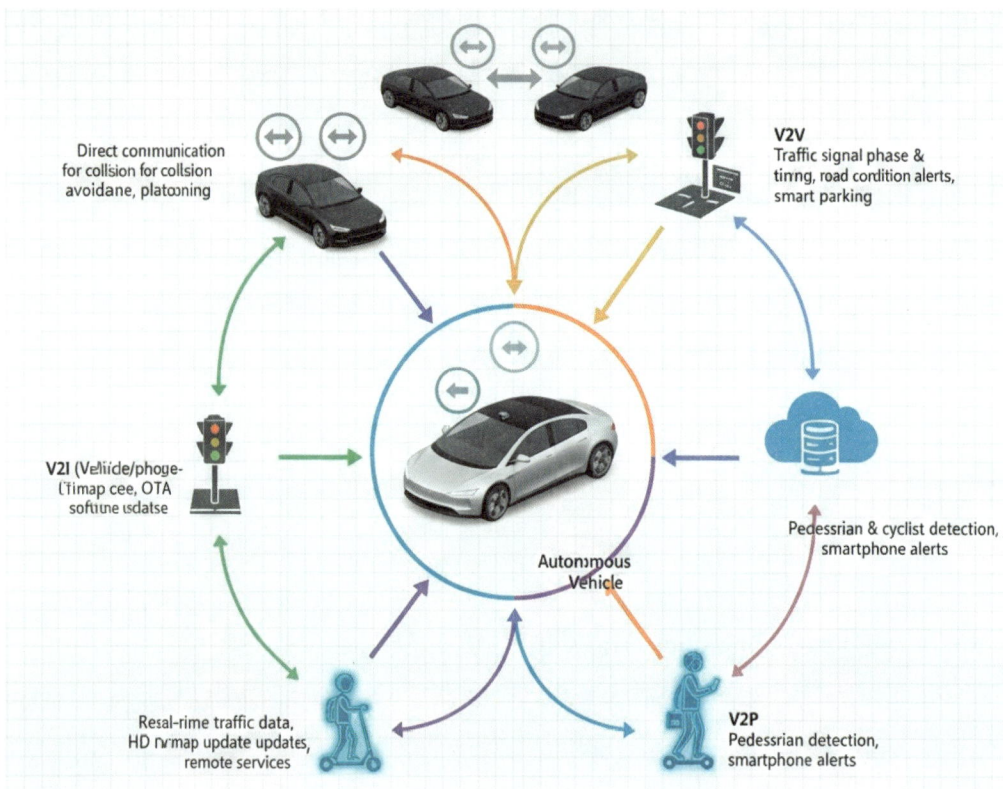

그림 51 V2X 구조

(1) V2V(Vehicle-to-Vehicle)

주변 차량과 위치, 속도, 주행 경로를 공유해 추돌을 방지한다.

(2) V2I(Vehicle-to-Infrastructure)

신호등, 도로 표지판 등 인프라와 통신하여 신호 대기 시간을 예측하거나 사고 구간 정보를 받는다.

(3) V2P(Vehicle-to-Pedestrian)

보행자의 스마트폰과 통신하여 보이지 않는 곳의 보행자 돌출을 감지한다.

(4) V2N(Vehicle-to-Network)

클라우드 서버와 연결되어 실시간 교통 상황 및 정밀 지도를 업데이트한다.

2. V2I(Vehicle-to-Infrastructure)의 작동 원리와 역할

V2I는 자율주행차의 인지 능력을 도로 전체로 확장하는 핵심 장치다. 도로변에 설치된 RSU(Road Side Unit, 노변 기지구국)가 허브 역할을 수행한다.

(1) 정보 수집

RSU가 도로 위의 센서를 통해 결빙, 낙하물, 공사 구간 정보를 수집한다.

(2) 데이터 전송

수집된 정보를 근방의 자율주행차로 전송(Broadcast)한다.

(3) 협력5 제어

자율주행차는 V2I 정보를 바탕으로 센서가 미처 발견하지 못한 1km 앞의 돌발 상황에 대비해 미리 감속을 시작한다.

(4) 작동 원리

차량 내부의 OBU(On-Board Unit)와 도로의 RSU 간에 근거리 무선 통신(DSRC 또는 C-V2X)을 통해 패킷 단위로 데이터를 주고받는 방식이다.

3. 5G통신

자율주행의 모세혈관이자 고속도로 기존 통신망이 단순 연결에 집중했다면, 5G는 자율주행이 요구하는 극단적인 신뢰성을 충족시킨다.

(1) 초저지연(Low Latency)

통신 지연 시간이 1ms(0.001초) 수준으로, 고속 주행 중에도 명령을 즉각 실행할 수 있다.

(2) 초광대역(Enhanced Mobile Broadband)

라이다(LiDAR)와 카메라가 생성하는 방대한 로우(Raw) 데이터를 클라우드로 즉시 전송해 고정밀 판단을 돕는다.

(3) 네트워크 슬라이싱(Network Slicing)

자율주행 제어용 통신망을 일반 동영상 스트리밍 망과 분리하여, 통신량이 폭주해도 주행 안전 데이터는 최우선적으로 처리한다.

4. 통신 기술의 핵심

(1) WAVE vs C-V2X

현재 V2X 표준을 두고 두 기술이 경쟁하거나 상호 보완하고 있다. 자율주행차의 통신 계층은 단순한 연결이 아니라 센서의 확장으로 이해해야 한다.

차량 센서는 가시거리(Line-of-Sight) 내의 위험만 감지할 수 있지만, V2X는 비가시거리(Non-Line-of-Sight)의 위험을 미리 알려주기 때문이다. 이러한 통신 데이터는 컴퓨팅 플랫폼 내의 센서 퓨전(Sensor Fusion) 단계에서 카메라/라이다 데이터와 결합되어 주행 판단의 근거가 된다.

구분	WAVE (DSRC)	C-V2X (Cellular V2X)
기반 기술	Wi-Fi (IEEE 802.11p)	LTE / 5G
장점	기술 성숙도 높음.직접 통신 특화	긴 전송 거리, 높은 데이터 전송량
주요 특징	기지국 없이 차량 간 직접 연결	5G 인프라와 연계하여 통합 제어 가능

안전·보안(Safety·Security): 고장 시 안전, 사이버보안

자율주행자동차가 주변 환경과 소통하며 안전한 경로를 생성하기 위해서는 상호 간 약속된 언어인 메시지 규격과, 그 정보의 신뢰성을 보장하는 방패인 보안 인증 체계가 필수적이다.

특히 자율주행 레벨 4 이상으로 나아가기 위해서는 5G-V2X 기반의 초저지연 보안 통신 기술이 더욱 고도화되어야 하며, 국가 간 표준 호환성 확보가 향후 모빌리티 시장

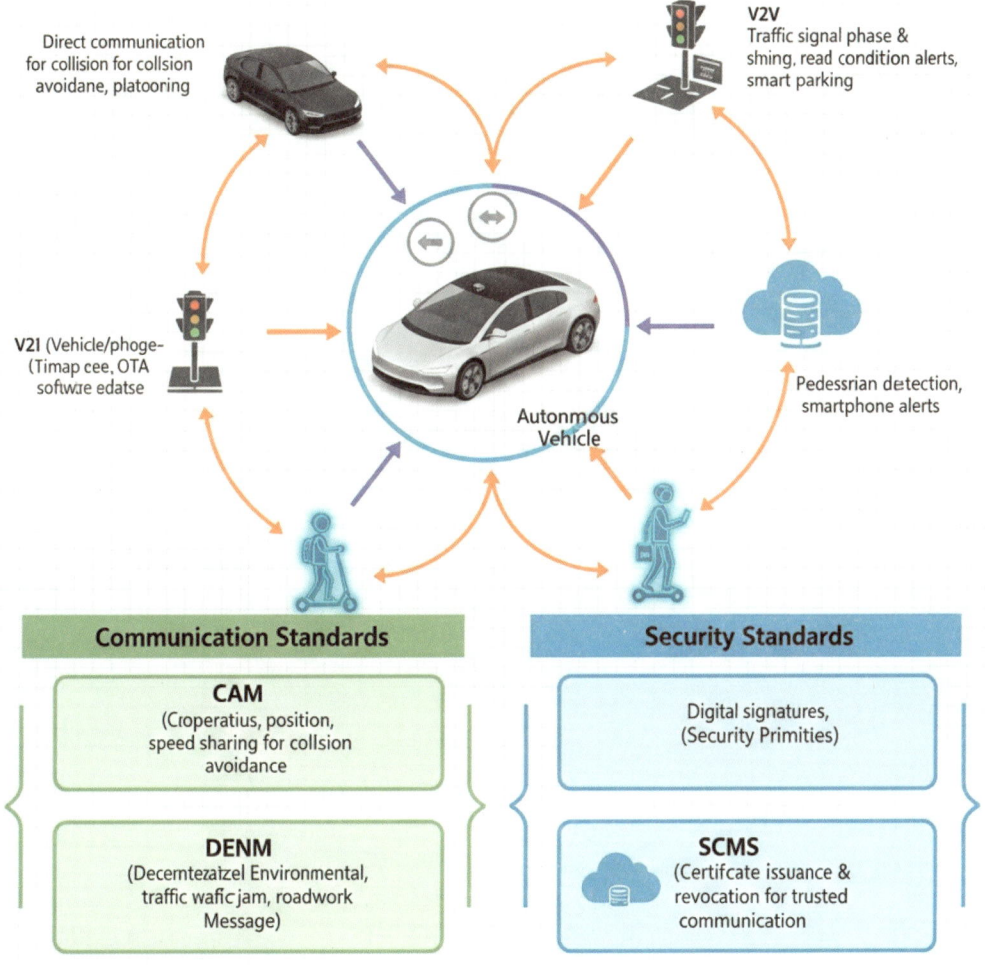

그림 52 통신 표준과 보안 표준

의 주요 쟁점이 될 것이다.

이 장에서는 V2X(Vehicle-to-Everything) 통신의 핵심인 메시지 표준(CAM, DENM)과 보안 표준(IEEE 1609.2)의 메커니즘을 알아 보고자 한다.

1. 통신 표준(CAM, DENM_BSM)과 보안 표준(IEEE 1609.2_SCMS)

(1) CAM (Cooperative Awareness Message)

차량의 정기적인 상태를 알리는 심장 박동(Heartbeat) 메시지다.

① 전송 방식

　주기적 전송 (1~10 Hz)

② 포함 데이터

　차량의 위치(위도/경도), 속도, 조향각, 가속도, 차량 크기 등 기본 주행 정보.목적: 주변 차량들이 서로의 존재를 지속적으로 인식하게 하여 추돌 가능성을 사전에 차단한다.

(2) DENM (Decentralized Environmental Notification Message)

특이 상황이 발생했을 때만 전송되는 이벤트 중심 메시지다.

① 전송 방식

　비주기적(이벤트 발생 시 즉시).

② 포함 데이터

　사고 발생, 급정거, 도로 결빙, 공사 구간, 긴급 차량 접근 등 돌발상황 정보.

③ 목적

　위험 상황을 후방 차량이나 주변 인프라에 전파하여 연쇄 사고를 방지한다.

(3) BSM (Basic Safety Message)

미국 SAE J2735 표준에서 정의한 규격으로, 유럽의 CAM과 DENM 기능을 통합한 성격을 띤다. 차량의 위치와 상태 정보를 담은 Part 1과 선택적 데이터인 Part 2로 구성된다.

2. 통신 보안의 핵심

IEEE 1609.2 표준V2X 통신은 무선망을 이용하므로 해킹, 메시지 위조, 사칭 (Spoofing) 등의 공격에 취약할 수 있다. IEEE 1609.2는 이러한 위협으로부터 V2X 메시지를 보호하기 위한 보안 서비스와 관리 프레임워크를 정의한다.

(1) 작동 원리

공개키 기반 구조 (PKI)IEEE 1609.2는 신뢰할 수 있는 기관이 발행한 디지털 인증서를 기반으로 메시지의 무결성과 인증을 보장한다.

(2) 메시지 서명 (Signing)

송신 차량은 메시지를 보낼 때 자신의 개인키로 디지털 서명을 생성하여 첨부한다.

(3) 메시지 검증 (Verification)

수신측은 송신자의 공개키와 인증서를 사용해 메시지가 변조되지 않았는지, 유효한 사용자인지 검증한다.

(4) 암호화 (Encryption)

민감한 개인 정보나 특정 대상에게만 보내는 데이터는 수신자의 공개키로 암호화하여 전송한다.

3. SCMS (Security Credential Management System) 아키텍처

자율주행 통신 보안을 유지하기 위한 거대한 인증서 관리 체계를 SCMS라 한다. 수백만 대의 차량에 인증서를 발급하고 갱신하며, 문제가 발생한 기기의 권한을 박탈하는 역할을 수행한다.

(1) 등록 인증서 (Enrollment Certificate)

차량의 신원을 확인하는 장기 인증서.

(2) 가명 인증서 (Pseudonym Certificate)

개인 프라이버시 보호를 위해 실제 주행 시 사용하는 단기 인증서. 위치 추적을 방지하기 위해 일정 시간이나 거리마다 교체된다.

4. 데이터 무결성과 프라이버시의 균형

V2X 보안의 가장 큰 기술적 난제는 인증과 익명성의 공존이다.

(1) 무결성 보장

메시지가 신뢰할 수 있는 차량으로부터 왔음을 증명해야 한다.

(2) 개인정보 보호

특정 차량의 이동 경로가 통신 데이터로 인해 노출되어서는 안 된다. 이를 위해 IEEE 1609.2 및 관련 표준에서는 여러 개의 가명 인증서를 무작위로 변경하여 사용하는 인증서 교체(Certificate Rotation) 기술을 채택하고 있다.

5. 자율주행차의 고장 대응 안전(Safety) 및 보안 핵심 전략

자율주행자동차에서 안전은 단순한 기능의 유무를 넘어 시스템의 존재 이유와 직결된다. 운전자가 운전대에서 손을 떼는 레벨 3 이상의 자율주행에서는 부품 고장이나 시스템 오류 발생 시 차량이 스스로 안전을 확보해야 하며 이를 위한 핵심 안전 설계 원칙과 고장 대응 메커니즘에 대해서 알아 보고자 한다.

(1) 기능 안전(Functional Safety)

자율주행차의 안전 설계는 전기/전자 시스템의 오작동으로 인한 사고를 방지하는 ISO 26262(자동차 기능 안전 국제 표준)에서 시작된다.

① ASIL (Automotive Safety Integrity Level)

사고 발생 가능성, 제어 가능성, 심각도를 바탕으로 A부터 D까지 등급을 매기며, 자율주행의 핵심 제어 장치는 가장 엄격한 ASIL D 등급을 충족해야 한다.

② 고장 진단

시스템이 실시간으로 자신의 상태를 모니터링하여 오류를 감지하는 기술이다.

(2) 고장 발생 시 대응 전략: Fail-Safe vs Fail-Operational

과거의 자동차는 고장이 나면 기능을 정지시키는 것에 집중했지만, 자율주행차는 고장 중에도 주행을 지속하거나 안전하게 갓길에 멈추는 능력이 필요하다.

[참고] 페일 세이프(Fail-Safe)와 페일 오퍼레이셔널 (Fail-Operational) 비교

구분	페일 세이프(Fail-Safe)	페일 오퍼레이셔널 (Fail-Operational)
개념	고장 시 시스템을 정지시켜 안전 확보	고장 발생 시에도 핵심 기능을 일정 시간 유지
작동방식	브레이크 고장 시 경고등 점등 및 정지	주 제동장치(마스터실린더) 고장 시 보조 장치(ESC)가 즉시 가동
자율주행 레벨	레벨 2 이하 (운전자 개입 가능)	레벨 3 이상 (시스템 주도 주행)

＊ 페일 세이프(Fail-Safe):일반차량, 페일 오퍼레이셔널 (Fail-Operational):자율주행차

(3) 리던던시(Redundancy)

다중화 설계고장 시에도 주행을 유지하기 위한 핵심 기술은 리던던시(이중화/다중화)입니다. 주요 제어 계통에 예비 부품을 두어 하나가 망가져도 시스템이 멈추지 않게 하여야 한다.

① 하드웨어 리던던시

전원 장치(Dual Battery), 통신 라인, 센서(카메라+라이다), 제어기(두 개의 고성능 프로세서)를 각각 두 세트 이상 배치한다.

② 소프트웨어 리던던시

서로 다른 알고리즘으로 설계된 두 개의 소프트웨어가 결과를 상호 검증하도록 설계한다.

(4) SOTIF (ISO 21448): 고장 없는 위험 대응

최근 자율주행 안전에서 가장 중요하게 다뤄지는 개념은 SOTIF(Safety of the Intended Functionality)이다. 부품이 고장 나지 않았더라도, 눈비가 오거나 센서의 성능 한계로 인해 발생할 수 있는 위험을 관리하도록 되어 있다.

① 알려진 위험(Known Unsafe)

센서가 안개 속에서 물체를 식별하지 못하는 상황 등.

② 알려지지 않은 위험(Unknown Unsafe)

예측 불가능한 도로 위 돌발 상황 등.

③ 대응

시나리오 기반 시뮬레이션을 통해 시스템이 인지하지 못하는 영역(Unknown Area)
을 최소화하는 것이 목표이다.

(5) 사이버 보안(Security)

해킹으로부터의 안전고장이 기계적인 결함이라면, 보안은 외부의 악의적인 공격으로
부터 시스템을 지키는 것입니다. ISO/SAE 21434 표준이 이를 규정한다.

① 침입 탐지 시스템(IDS)

차량 내부 네트워크(CAN, Ethernet)에서 비정상적인 데이터 흐름을 실시간으로 감
시한다.

② 보안 게이트웨이

외부 통신(V2X, OTA)과 내부 제어망 사이에서 방화벽 역할을 수행하여 악성 코드
유입을 차단한다.

③ 무선 업데이트(OTA) 보안

업데이트 파일의 위변조를 막기 위한 전자 서명 및 암호화 기술이 적용 되었다.

④ 결론

통합 안전 프로세스의 중요성자율주행의 안전은 부품 하나가 튼튼한 것을 넘어,
고장 감지 → 리던던시 가동 → 안전 주행 유지(MRM, Minimal Risk Maneuver) →
안전한 정지로 이어지는 일련의 프로세스가 완벽히 작동할 때 확보 되도록 설계하
여야 한다.

6. 위험 분석 기법(HARA)과 사고 기록 장치(DSSAD) 표준

자율주행 시스템의 안전성을 검증하고, 사고 발생 시 책임 소재를 명확히 하는 것은 상용화를 위한 필수 관문이다. 기능 안전의 핵심인 HARA(Hazard Analysis and Risk Assessment)와 시스템의 상태를 기록하는 DSSAD(Data Storage System for Automated Driving)의 기술적 구조를 알아 보고자 한다.

(1) HARA: 위험원 분석 및 리스크 평가 기법

HARA는 ISO 26262 표준의 컨셉 단계에서 수행되는 핵심 프로세스이며, 시스템 오작동 시 발생할 수 있는 위험을 시나리오별로 분석하고, 필요한 안전 등급(ASIL)을 부여하는 과정이다. ASIL(Automotive Safety Integrity Level) 결정 요소위험도는 다음 세 가지 지표의 조합으로 결정된다.

① 심각도(Severity, S)

　심각도 사고 발생 시 인명 및 재산 피해의 정도(S0 ~ S3)

② 노출 빈도(Exposure, E)

　해당 위험 상황이 발생할 수 있는 운행 조건의 빈도(E0 ~ E4)

③ 제어 가능성(Controllability, C)

　운전자가 위험을 인지하고 사고를 회피할 수 있는 가능성 (C0 ~ C3)

　ASIL = S + E + C (심각도+노출빈도+제어가능성)

(2) 사고 시나리오별 HARA 적용 예시

시나리오	잠재적 위험(Hazard)	ASIL 등급 (예시)	안전 목표(Safety Goal)
고속도로 주행 중	의도하지 않은 급제동 발생	ASIL D	주행 중 불필요한 급제동 방지
조향 제어 중	고속 주행 시 조향 잠김	ASIL D	조향 계통 이중화 및 수동 전환 보장
주차 보조 중	장애물 미인식 후 가속	ASIL B	저속 주행 시 장애물 감지 신뢰성 확보

(3) DSSAD(Data Storage System for Automated Driving):자율주행정보기록장치

DSSAD는 자율주행 시스템(ADS)의 작동 상태를 기록하는 장치로, 기존의 EDR(Event Data Recorder)이 충돌 순간의 물리적 데이터에 집중하는 것과 달리 주행 주체가 누구였는지를 판별하는 데 목적이 있다.

자율주행자동차의 상용화와 함께 사고 시 책임 소재를 가릴 핵심 장치인 DSSAD(Data Storage System for Automated Driving, 자율주행정보기록장치)에 대한 법적·기술적 기준이 구체화되어 있고 물리적 충격 시점의 데이터를 기록하는 EDR과 달리, DSSAD는 시스템의 작동 상태와 제어권의 흐름을 기록하는 데 초점이 맞춰져 있다.

DSSAD는 현재 국제 연합(UN)의 자동차 법규 조화 기구(WP.29)에서 제정한 국제 표준을 근간으로 하며, 한국 역시 이를 수용하여 법제화되어 있다.

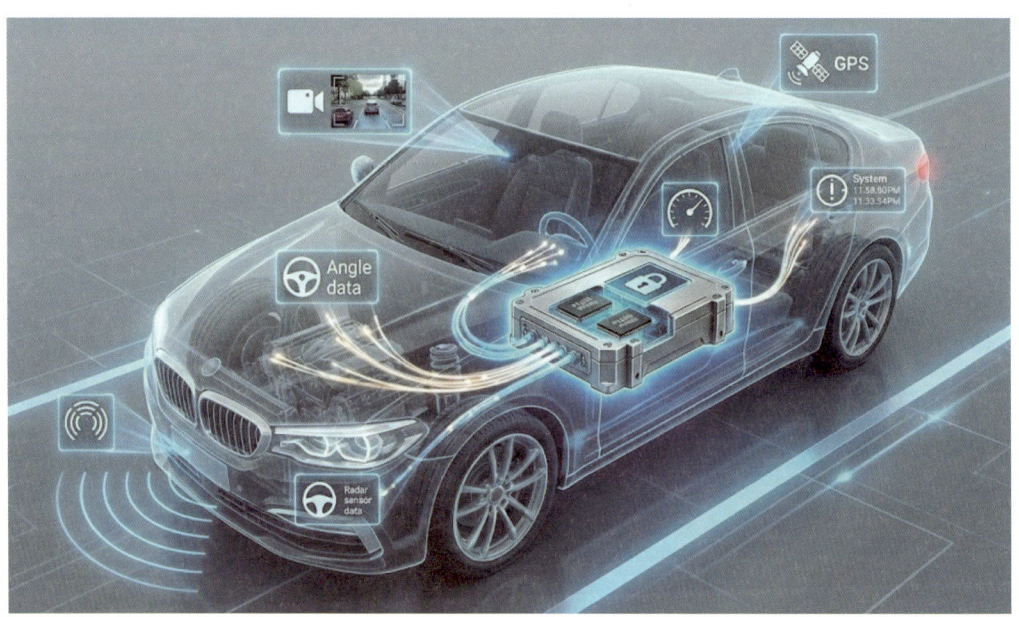

그림 53 DSSAD(자율주행정보기록장치) 개요도

① **국제 규정** (UN R157)

세계 최초의 레벨 3 자율주행(ALKS, 차로유지기능) 국제 규정으로, 여기에 DSSAD의 설치 및 기록 의무가 명시되어 있다.

② **국내 법규** (자동차관리법 및 하위 시행령)

한국은 2020년 자율주행차 상용화를 위해 자동차관리법을 개정하여 자율주행정보기록장치(DSSAD) 장착을 의무화했으며, 특히 레벨 3 이상의 자율주행차는 사고 발생 시 시스템 결함 여부를 확인하기 위해 반드시 이 장치를 탑재해야 하며, 사고 발생 시 국토교통부 산하 사고조사위원회에 관련 데이터를 제출할 의무가 있다.

③ **DSSAD의 기록(검출) 항목**

이벤트 중심의 기록EDR이 67개와 같은 고정된 물리 센서 항목 수를 강조한다면, DSSAD는 자율주행 시스템의 상태 변화가 일어나는 이벤트(Event)를 기준으로 데이터를 저장한다.

[참고] DSSAD 주요 기록 항목 (국제규정 UN R157)

주요 기록 이벤트 (Flag)	세부 기록 내용
시스템 활성화(Activation)	ADS(자율주행 시스템)가 켜진 시점 및 위치
시스템 비활성화(Deactivation)	ADS가 꺼진 시점 (운전자 수동 해제 포함)
제어권 전환 요구 (Transition Demand)	시스템이 운전자에게 운전대를 잡으라고 요청한 시점
최소위험기동 발생(MRM)	운전자가 응답하지 않아 시스템이 비상 정지를 수행한 경우
비상 조작(Emergency Maneuver)	충돌 직전 시스템이 수행한 급제동 또는 급조향
시스템 결함(System Failure)	센서, 로직, 하드웨어 등 ADS 내부 오류 발생 시점
EDR 트리거 연동	에어백 전개 등 EDR 기록이 시작된 시점

- DSSAD는 시스템의 상태 변화가 있을 때마다 데이터를 기록
- **시스템 활성화/비활성화**: 자율주행 모드의 시작과 종료 시점

- **운전 전환 요구**(Transition Demand): 시스템이 운전자에게 제어권 인수를 요청한 시점
- **운전자 개입**: 운전자가 페달이나 스티어링 휠을 조작하여 시스템을 해제한 기록
- **시스템 결함**: 자율주행 소프트웨어나 하드웨어에서 발생한 오류 로그
- **비상 제어**(EM): 최소위험기동(MRM) 등 시스템이 수행한 비상 조치.

[참고] EDR과 DSSAD의 차이점

비교 항목	EDR (Event Data Recorder)	DSSAD (Data Storage System)
기록 목적	사고 당시 충격 및 차량 거동 분석	사고 전후 시스템 작동 상태 확인
기록 트리거	에어백 전개, 속도 변화 등 물리적 충격	시스템 모드 변경, 오류, 제어권 전환
데이터 종류	가속도, 엔진 회전수, 브레이크 압력(67개 항목)	자율주행 ON/OFF, 수동 전환 로그

(4) 사고 분석 및 법적 책임 소재 판단

자율주행 사고 발생 시, HARA를 통해 설계된 안전 메커니즘이 제대로 작동했는지와 DSSAD에 기록된 데이터를 대조하여 책임 소재를 가리게 된다.

① 데이터 추출

사고 차량의 DSSAD에서 주행 로그 데이터 추출한다.

② 주행 주체 확인

사고 직전 시스템 주도였는지 운전자 주도였는지 확인한다.

③ 결함 분석

시스템 주도였다면, HARA에서 정의된 안전 목표(Safety Goal)를 위반하는 오작동이 있었는지 분석한다.

④ 사고 판정

자율주행 기술이 고도화될수록 HARA를 통한 정교한 위험 설계와, 블랙박스 역할을 하는 DSSAD의 데이터 무결성 확보가 제조사의 법적 리스크를 줄이는 핵심 경쟁력이 될 것이다. 특히 레벨 4 이상의 무인 자율주행에서는 DSSAD의 기록 데이터가 사고 조사의 유일한 객관적 지표가 될 것이다.

항목 수로 따지면 크게 7~10가지 카테고리의 이벤트를 기록하지만, 각 이벤트 발생시 타임스탬프(시간), GPS 위치, 소프트웨어 버전 등이 함께 저장되므로 실제 데이터 필드는 훨씬 방대하다.

사고가 발생하면 DSSAD와 EDR의 상호보완적 두 장치의 데이터를 교차 검증하며, EDR 데이터중 사고 5초 전 가속페달 100%, 브레이크 0%, 조향각 0도등 물리적 현상을 증명한다.

DSSAD 데이터에서는 사고 10초 전 제어권 전환 요구(TD) 발생, 사고 2초 전 시스템 비활성화 되었을 경우 주행 주체(시스템 vs 사람) 증명을 통해 운전자가 시스템의 경고를 무시했는가? 혹은 시스템이 제시간에 운전 전환 요구를 했는가?를 판별하게 된다.

7.4 고성능 지도·클라우드(HD Map·Cloud): 차선단위 정밀지도, 학습 업데이트

자율주행자동차가 복잡한 도심 환경에서 안전하게 주행하기 위해서는 카메라와 라이다(LiDAR) 같은 실시간 센서만으로는 한계가 있다.

고성능 정밀지도(HD:High Definition Map)는 센서의 인지 범위를 넘어서는 도로의 물리적 구조와 법적 규칙을 센티미터(cm) 단위의 정확도로 제공하며, 일반 내비게이션 지도가 길 안내용이라면, HD 맵은 자율주행차를 위한 가상 도로 환경이다.

차선 단위의 정보, 정지선 위치, 신호등 높이, 도로 곡률 등 도로의 모든 상세 정보를 센티미터(cm) 단위로 포함하며 센서가 안개나 앞차에 가려 차선을 못 보더라도, HD 맵을 통해 차량의 현재 위치를 정확히 파악하고 갈 길을 미리 예측할 수 있게 된다. 클라우드(Cloud)는 이 데이터를 실시간으로 최신화하는 중추적인 역할을 한다.

현실 세계의 도로는 공사, 사고, 새로운 표지판 설치, 포트홀 발생 등 끊임없이 변화하는데 HD Map이 한번 만들어진 후 고정되어 있다면, 변화된 도로 환경에서 자율주행차는 위험에 빠지게 되는데 항상 최신 상태로 유지 되어야 하는 살아있는 지도(Living Map)여야 하며, 이를 가능하게 하는 두뇌가 바로 클라우드이다.

그림 54 클라우드 기반학습 및 업데이트 원리

1. 고성능 지도(HD Map): 차선 단위 정밀 지도

우리가 흔히 쓰는 내비게이션 지도(SD Map)가 도로 수준의 정보 중 도로명, 대략적인 형상, POI)를 제공한다면, HD Map은 자율주행 기계가 도로를 이해할 수 있도록 3D로 구축된 센티미터(cm) 단위의 초정밀 디지털 지도가 되며 이는 자율주행차의 또 하나의 강력한 센서 역할을 한다.

(1) 주요 특징 (차선 단위 정밀성)

HD Map은 단순한 2D 평면도가 아니라, 도로 환경의 모든 요소를 3차원 정보로 담고 있다.

(2) 차선 정보(Lane-Level)

차선의 정확한 위치, 폭, 곡률, 종류(실선, 점선, 중앙선 등), 차선 변경 가능 구역 등의 정보를 포함한다. 자율주행차가 현재 몇 번째 차선에서 주행 중인지 정확히 알게 한다.

(3) 도로 시설물

신호등의 3차원 위치와 높이, 표지판의 종류와 위치, 횡단보도, 정지선, 과속방지턱 등의 정확한 좌표 정보를 포함한다.

(4) 도로 기하 구조

도로의 경사도(기울기), 커브의 정도(곡률), 노면의 상태 정보까지 포함하여 차량이 미리 속도를 줄이거나 조향을 준비할 수 있게 한다.

2. 작동 원리 3단계 및 역할

HD Map은 자율주행의 핵심 프로세스인 인지-측위-계획 단계에서 결정적인 역할을 수행한다.

그림 55 HD Map 기반 자율주행 핵심프로세스

(1) 정밀 측위 (Localization – 나는 어디에 있는가?)

① 원리

GPS는 터널이나 빌딩 숲에서 오차가 수 미터 이상 커지는데 자율주행차는 라이다 (LiDAR)나 카메라로 현재 주변 환경을 스캔한 후, 이 데이터를 HD Map에 저장된 3D 정보와 실시간으로 대조(Matching)한다.

② 역할

이를 통해 GPS 오차를 보정하고, 현재 지구가 아닌 도로 상의 몇 번째 차선, 어떤 위치에 있는지 센치미터(cm) 단위로 정확히 파악한다.

(2) 인지 보조 (Perception – 주변에 무엇이 있는가?)

① 원리

HD Map은 센서에게 정답지를 미리 보여주게 되는데 전방 100m 지상 5m 높이에 신호등이 있다는 것을 지도를 통해 미리 알고 있으면, 센서는 해당 위치를 집중적으로 탐색하여 신호등 색상을 판별한다.

② 역할

센서의 탐지 부담을 줄여주고, 눈/비/안개 등으로 센서 성능이 저하되었을 때 지도의 정보가 이를 보완하여 오인식을 방지한다.

(3) 경로 계획 (Path Planning – 어디로 어떻게 갈 것인가?)

① 원리

목적지까지 가기 위해 단순히 우회전이 아니라, 현재 3차선에서 주행 중이니 전방 교차로 우회전을 위해 300m 내에 4차선으로 차선을 변경해야 한다는 구체적인 계획을 세우게 된다.

② 역할

HD Map의 차선 연결 정보(Lane Network)를 기반으로 가장 안전하고 효율적인 차선 단위의 주행 경로를 생성한다.

3. 클라우드(Cloud)와 학습 업데이트 원리

　도로는 공사, 사고, 건물 신축 등으로 인해 끊임없이 변합니다. HD Map이 죽은 데이터가 되지 않으려면 클라우드 서버를 통한 실시간 업데이트가 필수적이다.

그림 56 고성능 HD Map과 Cloud 학습

(1) 클라우드소싱(Crowdsourcing) 기반 업데이트 루프

① 데이터 수집

　자율주행 차량들이 도로를 주행하며 카메라와 센서로 수집한 최신 도로 정보를 클라우드로 전송한다.

② 변화 감지(Change Detection)

　클라우드 시스템은 수신된 데이터와 기존 HD Map을 비교하여 차선이 변경되었거나 공사 구간이 생겼는지 분석한다.

③ 학습 및 검증

　인공지능(AI)이 수천 대의 차량에서 온 데이터를 통합하여 지도를 수정한다. 이때 데이터의 신뢰도를 검증하는 과정을 거치게 된다.

④ 배포 (OTA Update)

업데이트된 지도 정보는 OTA(Over-the-Air) 기술을 통해 주변을 주행하는 다른 자율주행 차량들에게 실시간으로 전송된다.

⑤ 핵심 기술 포인트

지도의 모든 데이터를 매번 내려받는 것은 통신 부하가 너무 크다. 따라서 차량의 현재 위치를 기반으로 주변 영역(Tile)의 변화된 정보(Delta)만 골라 업데이트하는 기술이 핵심이다.

(2) HD Map의 한계와 미래: Mapless와의 공존

최근 테슬라를 필두로 지도를 최소화하고 실시간 센서지능(Vision)에 의존하는 맵리스(Mapless) 방식도 주목받고 있으나 완전 자율주행(Level 4 이상)을 위해서는 안전성 확보(Redundancy) 차원에서 HD Map과 클라우드의 결합은 여전히 필수적인 인프라로 여겨진다.

(3) 테슬라의 맵리스(Mapless)

구글 웨이모(Waymo)나 모빌아이(Mobileye)처럼 사전에 제작된 고정밀HD맵(High-Definition Map)을 사용하지 않는다. 실시간 시각 정보와 신경망을 결합해 지도 없이도 지도가 있는 것처럼 주행하는 독자적인 시스템을 구축하여 사용하고 있으며, 테슬라가 HD 맵 대신 사용하는 핵심 시스템과 기술적 접근 방식은 다음과 같습니다.

① 테슬라 비전 (Tesla Vision) & 점유 네트워크 (Occupancy Network)

테슬라는 물리적인 HD 맵 대신 8개의 카메라를 통해 들어오는 영상을 실시간으로 분석해 가상의 3D 공간을 직접 그려낸다.

② 실시간 공간 구성

카메라가 촬영한 2D 이미지를 신경망이 3D 벡터 공간(Vector Space)으로 변환한다.

③ 점유 네트워크 (Occupancy Network)

차량 주변의 물체가 차, 사람등 단순히 무엇인지 파악하는 것을 넘어, 공간의 어느 부분이 주행 불가 영역으로 점유되어 있는지를 실시간으로 판단하며 이것이 사실상 실시간으로 생성되는 HD 맵 역할을 한다.

④ 함대 학습 (Fleet Learning) & 자동 라벨링

테슬라는 전 세계 수백만 대의 차량(Auto Piot)으로부터 데이터를 수집해 지도를 스스로 업데이트하는 방식을 취한다.

⑤ 자동 라벨링 (Auto-labeling)

특정 도로의 차선, 신호등 위치, 정지선 정보 등을 여러 차량이 지나가며 수집한 데이터를 기반으로 클라우드에서 정교하게 결합한다.

⑥ 라이트웨이트 맵 (Lightweight Map)

완전한 HD 맵은 아니지만, 도로의 곡률이나 교차로 구조 등 주행에 필요한 최소한의 힌트를 데이터베이스화하여 차량에 제공한다.

⑦ FSD v12 (End-to-End) 신경망

2024~2025년을 기점으로 테슬라는 주행 로직을 수십만 줄의 코드가 아닌 신경망(Neural Network)에 완전히 맡기는 방식으로 전환했다.

⑧ 데이터 기반 판단

과거에는 신호등이 빨간색이면 멈춰라는 식의 코드가 있었다면, 이제는 수많은 주행 영상을 학습한 AI가 상황을 보고 스스로 판단한다.

⑨ 지도 의존도 감소

이 방식은 지도가 틀리거나 공사 중인 도로에서도 인간처럼 시각 정보에만 의존해 안전하게 주행할 수 있게 해준다.

Chapter 08 글로벌 자율주행 생태계의 기술 지형 및 선도 기업 분석

8.1 글로벌 자율주행차 기업 및 플랫폼 기업 분석

2026년의 자율주행 생태계는 과거의 센서 중심 인지 단계에서 벗어나, 차량이 스스로 상황을 판단하고 논리적 근거를 생성하는 인공지능 중심 추론 단계로 완전히 진입했다. 특히 자동차와 로보틱스 기술이 결합된 피지컬 AI(Physical AI)가 생태계의 3대 핵심 기술 트렌드로 부상하며 산업의 경계가 무너지고 있다.

(1) VLA(Vision-Language-Action) 모델의 도입

단순히 객체를 박스로 인식하는 단계를 넘어, 주변 상황을 언어적으로 이해하고 (Vision-Language) 그에 따른 최적의 행동(Action)을 결정한다. 보행자가 휴대폰을 보며 차도로 다가오고 있으므로 감속한다와 같은 논리적 추론이 실시간으로 수행된다.

(2) SDV(Software Defined Vehicle)의 완성

하드웨어는 표준화되고, 차량의 기능과 가치가 소프트웨어 업데이트(OTA)를 통해 결정되는 구조가 정착되었다. 중앙 집중형 아키텍처(Centralized Architecture)를 통해 자율주행 컴퓨팅 파워가 인포테인먼트와 통합되어 운영된다.

(3) 디지털 트윈 기반의 무한학습

현실 세계의 물리 법칙이 그대로 적용된 오니버스(Omniverse)와 같은 시뮬레이션 환경에서, 수억 마일의 엣지 케이스(Edge Cases)를 가상 학습함으로써 안전성을 획기적으로 높였다.

구분	주요 기술 (Core Tech)	비즈니스 모델	2026년 핵심 키워드
테슬라	Vision Only, E2E AI	개인차량 FSD, Cybercab	비감독(Unsupervised)주행
웨이모	Sensor Fusion (LiDAR 등)	로보택시 (Waymo One)	글로벌 도시 확장
모빌아이	REM(지도), SuperVision	OEM 솔루션 공급	Physical AI 확장
엔비디아	DRIVE Thor, Alpamayo	컴퓨팅 플랫폼 라이선싱	추론형 자율주행 AI
모셔널	Ioniq 5, Hybrid E2E	로보택시(현대차 협업)	완전 무인 서비스 개막
바이두	Apollo ADFM, RT6	로보택시, 글로벌 MaaS	저비용 대량 양산

순위는 기술력, 시장 진입 전략, 생산 능력, 파트너십 등 전략(Strategy)과 제품 성능, 신뢰성, 가격 경쟁력 등 실행(Execution) 역량을 합산한 결과이다.

[참고] 자율주행기업 순위 (2026년)

순위	기업명	그룹분류	핵심 전략 및 강점
1	웨이모(Waymo)	Leaders	미국 내 유료 로보택시 서비스 누적 2,000만 건 돌파, 압도적 L4 기술력
2	바이두(Baidu)	Leaders	아폴로 고를 통한 세계 최대 규모 무인 운송 네트워크 및 중국 시장 점유율 1위
3	엔비디아(NVIDIA)	Leaders	Thor 칩 기반 자율주행 표준 OS 장악, 전 세계 완성차 플랫폼 공급
4	모빌아이(Mobileye)	Contenders	멘티 로보틱스 인수로 로보틱스 시너지 강화, 양산차 기반 ADAS 시장 지배
5	가틱(Gatik)	Contenders	B2B 중단거리(Middle-mile) 무인 물류 시장 독점적 지위 확보
6	조오스(Zoox)	Contenders	아마존 인프라를 활용한 목적 기반 차량(PBV) 로보택시 상용화
7	오토노머스에이투지	Contenders	한국 기업 역대 최고 순위. 96% 국산화율 및 대중교통 중심 L4 상용화 성공
8	오로라(Aurora)	Contenders	자율주행 트럭 오로라 드라이버의 장거리 물류 노선 본격 가동
9	위라이드(WeRide)	Contenders	중동(UAE, 사우디) 및 동남아시아 시장 공격적 확장
10	테슬라(Tesla)	Contenders	FSD v14 기반 비감독형 주행 데이터 확보, 사이버캡(Cybercab) 양산 준비

2026년 현재, 테슬라는 단순한 자동차 기업을 넘어 엔드 투 엔드(End-to-End) AI 기업으로서의 정체성을 완전히 굳혔으며, 특히 2025년 말 배포된 FSD v13/14를 기점으로 자율주행 기술의 패러다임을 코드에서 신경망으로 완전히 전환하는 데 성공했다는 평가를 받고 있다.

1. 소프트웨어: 엔드 투 엔드(End-to-End) 신경망

테슬라 기술의 정수는 기존의 수십만 줄에 달하는 C++ 기반 룰(Rule) 기반 코드를 걷어내고, 단일 거대 신경망(Single Large Model)이 주행을 제어한다는 점이다.

인간과 유사한 직관으로 과거에는 정지 표지판에서 멈춰라는 식의 명령어를 입력했다면, 현재의 FSD는 수백만 개의 실제 주행 영상을 학습해 인간이 이 상황에서 어떻게 운전하는가를 모방(Imitation Learning)한다.

(1) 비전 온리(Vision Only) 전략

라이다(LiDAR)나 레이더 없이 오직 8개의 카메라 데이터만으로 주변 3D 환경을 재구성한다. 비용 절감뿐만 아니라, 센서 간 데이터 충돌(Sensor Fusion Conflict) 문제를 원천 차단하는 강점이 있다.

(2) v14의 도약

2026년형 FSD v14는 도심의 비정형 상황(수신호, 공사 구간의 가변 차선) 대응 능력이 비약적으로 상승하여, 사실상 비감독형(Unsupervised) 자율주행의 문턱에 도달했다.

2. 하드웨어: AI5 (HW 5.0) 컴퓨팅

2026년 테슬라 차량의 두뇌는 차세대 칩인 AI5(HW 5.0)가 담당하고 있다.

(1) 압도적 연산 성능

AI5는 시스템 전체 기준 약 1,800~2,500 TOPS의 연산 능력을 보유하고 있다. 이는 전작인 AI4 대비 약 4~5배 강력하며, 엔비디아의 블랙웰(Blackwell) 아키텍처와 견줄만 한 성능이다.

(2) 최고 수준의 전력 효율

고성능 AI 칩임에도 소비 전력이 약 200~250W 수준으로 억제되었다. 전기차 배터리 효율을 유지하면서도 고도의 실시간 추론을 가능케 하는 핵심 경쟁력이다.

(3) 커스텀 ASIC 설계

범용 GPU가 아닌 자율주행 신경망 연산에만 최적화된 독자 설계 칩을 사용함으로써 지연 시간(Latency)을 최소화했다.

3. 인프라 및 데이터: 도조(Dojo)와 거대 함대

테슬라의 가장 큰 진입장벽은 경쟁사가 따라올 수 없는 데이터 루프에 있다.

(1) 실주행 데이터의 압도적 양

전 세계 도로를 달리는 수백만 대의 테슬라 차량으로부터 매일 실시간으로 에지 케이스(Edge Cases, 특이 상황) 데이터가 수집된다. 2026년 기준 누적 주행 데이터는 100억 마일을 상회하다.

(2) 도조 3(Dojo 3) 슈퍼컴퓨터

2026년 초 가동을 본격화한 도조 3는 테슬라 자체 설계 칩만으로 구성된 슈퍼컴퓨터이다. 엔비디아 의존도를 낮추면서도 대규모 영상 데이터를 학습시키는 속도를 기존 대비 10배 이상 끌어올렸다.

4. 부문별 핵심 강점 요약

부문	핵심 강점	비고
수직 계열화	칩 설계부터 OS, 차량 제조, 클라우드 학습까지 통합 관리	기술 업데이트 속도 극대화
비용 경쟁력	고가의 라이다를 배제하고 카메라와 AI 소프트웨어로 승부	보급형 모델에도 L4급 기술 탑재 가능
확장성	자율주행 기술을 휴머노이드 로봇(Optimus)에 그대로 이식	이동하는 AI에서 움직이는 AI로 확장
학습 인프라	5만 개 이상의 GPU 클러스터와 도조(Dojo) 보유	전 세계에서 가장 강력한 AI 학습 단지 운영

8.3 미국 구글 웨이모

웨이모(Waymo)는 구글의 모회사인 알파벳(Alphabet Inc.) 산하의 자율주행 기술 기업이다. 2009년 구글의 비밀 프로젝트로 시작해, 현재는 세계에서 가장 앞선 레벨 4 수준의 완전 자율주행 시스템을 상용화한 선두 주자로 꼽힌다.

웨이모의 기술력은 차량에 탑재된 웨이모 드라이버(Waymo Driver)라는 통합 시스템에 집약되어 있고 라이다(LiDAR), 레이더, 카메라 등 고성능 센서가 수집한 데이터를 AI가 실시간으로 분석하여 운전자 없이도 복잡한 도심을 주행하게 해준다.

이미 미국 피닉스, 샌프란시스코, 로스앤젤레스 등지에서 일반 승객을 대상으로 웨이모 원(Waymo One)이라는 무인 로보택시 서비스를 운영하며 수천만 마일의 실제 주행 데이터를 축적하고 있다.

1. 기술적 핵심: 하드웨어와 AI의 하모니

웨이모의 자율주행 시스템은 웨이모 드라이버(Waymo Driver)라 불리며, 강력한 센서 데이터와 생성형 AI 모델이 결합된 형태이다.

(1) 다중 센서 퓨전 (Sensor Fusion):

① LiDAR

차량 주변을 3D 점구름(Point Cloud) 데이터로 시각화하여 밀리미터 단위의 거리 측정을 수행한다.

② 카메라

360도 전방위를 감시하며 신호등, 표지판, 보행자의 미세한 움직임을 포착한다.

③ 레이더

안개나 폭우 등 시야가 확보되지 않는 악천후 속에서도 물체의 거리와 속도를 정확히 파악한다.

(2) 웨이모 파운데이션 모델 (Think Fast & Slow):

① 빠른 판단 (System 1)

센서 데이터를 즉각 처리해 장애물을 피하거나 멈추는 직관적 반응을 담당한다.

② 복합 추론 (System 2)

제미나이(Gemini) 기반의 VLM(Vision Language Model)을 활용합니다. 예를 들어, 도로 위 불타는 차량처럼 학습 데이터에 없던 희귀한 상황(Corner Case)에서도 돌아가야 한다는 고차원적 판단을 내린다.

2. 서비스 모델과 시장 현황: 일상이 된 로보택시

2026년 초 현재, 웨이모는 미국을 넘어 글로벌 시장으로 서비스를 확장하며 무인 택시의 시대를 본격화하고 있다.

(1) 운영 현황

피닉스, 샌프란시스코, LA를 넘어 워싱턴 D.C., 애틀랜타 등으로 서비스 지역을 넓혔고, 2025년 말 기준 주당 45만 건 이상의 주행을 기록 중이며, 2026년 말까지 주당 100만 건 달성을 목표로 한다.

(2) 글로벌 진출

2026년 영국 런던에서 첫 해외 유료 서비스를 시작할 예정이며, 일본 도쿄에서도 테스트를 진행 중이다.

(3) 비즈니스 파트너십

우버 앱 내에서 웨이모 로보택시를 호출할 수 있는 통합 서비스를 운영한다.

(4) Moove

나이지리아의 모빌리티 기업과 협력하여 자율주행 차량의 유지보수, 청소, 충전 등 현지 물류 관리를 위탁하는 전략적 모델을 도입했다.

3. 미래 비전과 사회적 영향: 법적·윤리적 과제

웨이모는 인간보다 안전한 주행(인간 대비 부상 사고율 약 5~12배 낮음)을 증명하고 있지만, 기술이 확산됨에 따라 새로운 과제들도 부상하고 있다.

(1) 교통 안전의 새로운 척도

최근 애틀랜타 등에서 발생한 스쿨버스 정지 신호 위반 사건은 자율주행차가 복잡한 교통 법규와 인간 중심의 약속을 완벽히 이해해야 함을 시사한다. 웨이모는 이에 대해 자발적 소프트웨어 리콜을 단행하며 신뢰 회복에 힘쓰고 있다.

(2) 윤리적 가이드라인

사고가 불가피한 상황에서 누구를 보호할 것인가에 대한 트롤리 딜레마는 여전히 논쟁적이며 웨이모는 위험의 최소화와 비차별적 알고리즘을 핵심 가치로 설계하고 있다.

(3) 사회적 영향

이동의 자유가 제한된 고령자나 장애인에게 독립적인 이동 수단을 제공하지만, 운송업 종사자들의 고용 불안과 데이터 프라이버시 문제는 지속적으로 해결해야 할 숙제이다.

이스라엘에 본사를 두고 미국 나스닥에 상장된 모빌아이(Mobileye)는 웨이모와는 또 다른 자율주행의 길을 걷고 있다. 웨이모가 완전 무인 로보택시에 집중한다면, 모빌아이 는 양산차에 탑재되는 ADAS(첨단 운전자 보조 시스템)를 단계별로 고도화하여 자율주행으 로 진입하는 전략을 취한다.

1. 기술적 핵심: EyeQ6와 물리적 AI로의 확장

모빌아이 기술의 심장은 자체 설계한 SoC(System-on-Chip)인 EyeQ 시리즈이다.

(1) EyeQ6H의 본격 보급

2026년은 최신 칩셋인 EyeQ6H가 탑재된 차량들이 전 세계 도로를 달리는 원년이 되 었다. 이 칩은 단일 프로세서로 최대 11개의 카메라와 레이더 데이터를 통합 처리하며, 고속도로에서 손을 떼고 주행하는 핸즈프리 기능을 대중화하고 있다.

(2) RSS (Responsibility-Sensitive Safety)

모빌아이는 사고 시 누구의 잘못인가를 수학적으로 판단하는 RSS 모델을 주창하며 인공지능이 인간의 상식적인 주행 규칙을 위반하지 않도록 설계된 안전 가이드라인이다.

(3) 모빌아이 3.0과 휴머노이드

CES 2026에서 발표된 전략으로, 도로 위의 자율주행 지능을 현실 세계 전체로 확장 하고 있으며 멘티 로보틱스(Mentee Robotics)를 인수한다. 자율주행차에서 축적된 시각 지능을 휴머노이드 로봇에 이식하는 물리적 AI 시대를 선언했다.

2. 서비스 모델: 단계별 자율주행의 민주화

웨이모가 특정 지역에서만 운영되는 것과 달리, 모빌아이는 파트너 제조사들을 통해 전 세계 수백만 대의 차량에 기술을 심고 있다.

(1) 3대 플랫폼 전략

① SuperVision™

현재 가장 주력인 플랫폼으로, 11개 카메라 기반의 핸즈프리/아이즈온(Eyes-on)시스템이다.

② Chauffeur™

리다(LiDAR)를 추가하여 특정 구간에서 운전자가 전방을 주시하지 않아도 되는 아이즈오프(Eyes-off) 단계이다.

③ Drive™

운전자가 아예 필요 없는 완전 자율주행(L4) 솔루션이다.

(2) 미국 빅3와의 파트너십:

2026년 1월 발표에 따르면, 미국 내 대형 완성차 업체(Top 10 중 한 곳)가 모빌아이의 EyeQ6H 기반 시스템을 대량 채택했으며 향후 수년간 약 1,900만 대 이상의 차량에 모빌아이 기술이 표준으로 탑재될 전망이다.

3. 미래 비전: REM 지도를 통한 실시간 업데이트

모빌아이의 강력한 무기는 전 세계 도로를 달리는 일반 차량들이 보내오는 데이터이다.

(1) REM™ (Road Experience Management)

모빌아이 칩이 탑재된 전 세계 차량들이 익명화된 도로 데이터를 수집하여 클라우드에 전송하며 실시간에 가까운 고정밀 지도(HD Map)를 생성하며, 이는 웨이모처럼 직접 지도를 제작하는 방식보다 확장성이 압도적으로 높다.

(2) 사회적 영향

모빌아이는 자율주행 기술의 가격을 낮추어 안전의 민주화를 추구하고 있으며, 고가의 장비 없이 카메라 중심의 솔루션으로도 높은 안전 등급을 달성하게 함으로써, 보급형 차량에서도 자율주행의 혜택을 누리게 하는 것이 그들의 최종 목표이다.

자율주행 산업에서 엔비디아(NVIDIA)는 단순한 부품 공급사를 넘어, 차량의 두뇌 (Hardware), 신경망(Software), 그리고 가상 훈련장(Simulation)까지 모두 제공하는 풀스택 플랫폼 기업으로 자리매김했다.

1. 기술적 핵심: Thor와 추론형 AI 알파마요

엔비디아는 컴퓨팅 파워의 압도적 우위를 바탕으로, 기존의 규칙 기반 제어를 넘어 '생각하는 자율주행'으로 패러다임을 전환하고 있다.

(1) DRIVE Thor (블랙웰 아키텍처 기반)

2026년 본격 양산차에 탑재되기 시작한 차세대 SoC입니다. 1,000 TOPS(INT8) 이상의 연산 성능을 제공하며, 차량 내 인포테인먼트, 계기판, 자율주행 기능을 칩 하나로 중앙 집중형 컴퓨팅 되어있다. 또한 FP4 정밀도 지원을 통해 생성형 AI와 대규모 언어 모델(LLM)을 차량 내에서 실시간으로 구동할 수 있는 환경을 구축했다.

(2) 알파마요(Alpamayo) AI

CES 2026에서 공개된 최초의 오픈 추론 VLA(Vision-Language-Action) 모델이고 단순히 물체를 인식하는 수준을 넘어, 도로 위 낙하물이 위험하니 차선을 변경해야 한다와 같은 고차원적 상황 판단을 수행한다. 특히 나라마다 다른 운전 문화나 돌발 상황에 유연하게 대응하도록 설계되어 있다.

2. 서비스 모델: SDV(소프트웨어 중심 자동차)의 기준

엔비디아는 완성차 업체(OEM)들이 자율주행 기능을 구독 서비스화할 수 있도록 하드웨어와 소프트웨어를 패키지로 제공한다.

(1) 메르세데스-벤츠와의 협력

2026년 1분기 미국 출시를 시작으로 차세대 CLA 모델에 엔비디아의 자율주행 스택과 알파마요 모델이 최초 탑재된다. MB.DRIVE ASSIST PRO라는 명칭으로 레벨 2+ 기능을 수행하며, 수익을 엔비디아와 벤츠가 5:5로 나누는 새로운 비즈니스 모델을 적용했다.

(2) 글로벌 파트너십

현대자동차그룹: 5만 개의 블랙웰 GPU를 활용한 AI 팩토리를 구축하여 자율주행 알고리즘을 고도화하고 있다.

(3) 볼보(Volvo) & 재규어 랜드로버

2026년 이후 출시되는 모든 신차를 엔비디아 드라이브 플랫폼 기반으로 제작하기로 확정했다.

(4) Uber

2027년까지 10만 대 규모의 엔비디아 기반 로보택시 플릿(Fleet) 구축을 위한 전략적 협업을 진행 중이다.

3. 미래 비전: Physical AI와 옴니버스

엔비디아의 시선은 도로 위의 자동차를 넘어, 움직이는 모든 것의 지능화에 닿아 있다.

(1) 디지털 트윈 (DRIVE Sim)

실제 도로에서 겪기 힘든 위험한 사고 시나리오를 가상 세계(Omniverse 기반)에서 수십억 마일씩 주행하며 학습시키며, 2026년 발표된 AlpaSim은 실제 물리 법칙이 적용된 초고충실도 시뮬레이션을 제공한다.

(2) 피지컬 AI (Physical AI)

자율주행차에서 완성된 시각 지능을 로봇(Isaac 플랫폼)에 이식하고 있으며 젠슨 황 CEO는 미래의 제조 공장은 거대한 로봇이 될 것이라며, 자율주행 기술이 공장 자동화와 휴머노이드 로봇의 핵심 기반이 될 것임을 강조했다.

모셔널(Motional)은 현대자동차그룹과 앱티브(Aptiv)의 합작으로 시작해, 현재는 현대차그룹이 지분 과반을 확보하며 그룹 내 자율주행 기술의 전초기지 역할을 하고 있다.

1. 기술적 핵심: 하이브리드 전략과 E2E의 결합

모셔널은 전통적인 로보틱스 방식(Rule-based)의 안정성과 최신 AI 기술인 엔드투엔드(E2E) 학습 방식을 결합하는 전략을 취하고 있다.

(1) E2E(End-to-End) 모션 플래닝

2026년부터 기존의 모듈형 구조를 머신러닝 기반의 통합 아키텍처로 전환하고 있으며 인지부터 판단, 제어까지 하나의 신경망으로 연결하여 복잡한 도심 상황에 더 유연하게 대응하고 있다.

(2) 거대 주행 모델(LDM, Large Driving Model)

방대한 주행 데이터를 학습하여 미세한 운전 매너와 복잡한 예측 성능을 고도화하고 있다.

(3) 아이오닉 5 로보택시

현대차의 E-GMP 플랫폼을 기반으로 제작된 이 차량은 조향, 제동, 전력 등이 모두 이중화(Redundancy) 설계되어 있어, 시스템 고장 시에도 안전하게 정지하거나 운행을 지속할 수 있는 레벨 4 전용 자동차이다.

2. 서비스 모델과 시장 현황: 라스베이거스의 무인화

모셔널은 2024년 한때 수익성 확보를 위해 상용화 시점을 늦추는 결단을 내렸으나, 2026년은 그 기다림의 결실을 맺는 해이기도 하다.

(1) 라스베이거스 무인 상용화

2026년 초부터 라스베이거스에서 최종 시범 운행을 진행 중이며, 2026년 말 완전 무인 로보택시 서비스 본격 상용화를 공식화했다.

(2) 플랫폼 파트너십

우버(Uber), 리프트(Lyft)와의 강력한 파트너십을 통해 별도의 앱 설치 없이 기존 호출 앱에서 모셔널 차량을 선택할 수 있는 유연한 비즈니스 모델을 유지하고 있다.

(3) 기술 내재화

현대차그룹이 약 34억 달러(약 4.5조 원)를 투입해 모셔널의 경영권을 강화하면서, 모셔널의 자율주행 기술은 현대차의 차세대 SDV(소프트웨어 중심 자동차) 아키텍처와 직접 연결되고 있다.

3. 미래 비전과 사회적 영향: Safety First

모셔널의 비전은 단순한 빠른 상용화보다 입증 가능한 안전에 방점이 찍혀 있다.

(1) 다층적 안전 검증

미 도로교통안전국(NHTSA)의 기준 충족은 물론, 독일의 TÜV SÜD와 같은 독립 기관으로부터 안전 인증을 받으며 신뢰도를 높이고 있다.

(2) 글로벌 확장성

라스베이거스에서 검증된 레벨 4 운영 노하우를 바탕으로, 향후 한국(서울)을 포함한 글로벌 주요 도시로 서비스를 확장할 계획이다.

(3) 사회적 책임

고령자 및 교통 약자를 위한 이동권 보장뿐 아니라, 무인 운전 시대를 앞두고 법적 책임 소재를 명확히 하기 위해 사고 대응 관제 시스템을 고도화하고 있다.

중국의 기술 거점인 바이두(Baidu)는 자율주행 플랫폼 아폴로(Apollo)를 통해 중국을 넘어 글로벌 시장에서 웨이모의 가장 강력한 대항마로 성장했으며 2026년 현재, 바이두는 압도적인 주행 데이터와 저가형 양산 모델을 앞세워 자율주행의 대중화를 주도하고 있다.

1. 기술적 핵심: 6세대 RT6와 ADFM 모델

바이두의 기술력은 하드웨어 비용 절감과 거대 AI 모델의 결합으로 요약된다.

(1) 6세대 로보택시 Apollo RT6

① 전용 설계(Purpose-Built)

기존 양산차 개조가 아닌, 자율주행 전용으로 처음부터 설계되었으며 가장 큰 특징은 탈부착 가능한 스티어링 휠로, 무인 주행 시 내부 공간을 사무실이나 게임룸으로 활용할 수 있다.

② 고성능 센서 및 연산

8개의 LiDAR와 12개의 카메라를 포함한 총 38개의 센서가 탑재되며, 자체 설계한 '싱허(Xinghe)' 아키텍처를 통해 1,200 TOPS의 압도적인 연산 성능을 구현한다.

③ ADFM(Autonomous Driving Foundation Model)

바이두의 생성형 AI 기술이 접합된 파운데이션 모델이며 수억 킬로미터의 주행 데이터를 학습하여, 복잡한 중국 도심의 교통 흐름뿐만 아니라 전 세계 다양한 도로 환경에 빠르게 적응(Zero-shot transfer)할 수 있는 인지 능력을 갖추고 있다.

2. 서비스 모델과 시장 현황: 아폴로 고(Apollo Go)의 글로벌 확장

중국 내 1위 로보택시 서비스인 아폴로 고는 이제 중국을 벗어나 유럽과 중동으로 영토를 넓히고 있다.

(1) 압도적인 운영 규모

우한(Wuhan)을 중심으로 중국 내 15개 이상의 도시에서 운영 중이며, 누적 주행 거리 1.7억 km, 이용 건수 1,100만 건을 돌파했으며 특히 우한에서는 세계 최대 규모의 완전 무인 주행 구역(3,000km²)을 확보하고 있다.

(2) 글로벌 파트너십 (2026년 핵심 전략):

① 유럽 진출

우버(Uber), 리프트(Lyft)와 손잡고 영국 런던과 독일에서 2026년부터 RT6 차량을 투입해 시험 운행 및 상용 서비스를 시작한다.

② 중동 공략

두바이 도로교통청(RTA) 및 UAE 오토고(AutoGo)와 협력하여 2026년 1분기 중 두바이에서 완전 무인 로보택시 서비스를 런칭할 계획이다.

③ 가격 경쟁력

RT6의 생산 단가를 약 25만 위안(약 4,500만 원) 수준으로 낮추어, 택시 요금을 현재의 절반 수준으로 제공하는 규모의 경제 전략을 취하고 있다.

3. 미래 비전과 사회적 영향: 데이터 주권과 표준화

바이두는 자율주행을 단순한 이동 수단이 아닌, 국가적 AI 경쟁력의 핵심으로 보고 있다.

(1) 데이터 기반 월드 모델 구축

도로 위에서 수집되는 방대한 시각 데이터를 바탕으로 현실 세계를 시뮬레이션하는 월드 모델을 구축하고 있으며 자율주행뿐만 아니라 바이두의 전체 AI 생태계를 고도화하는 자산이 된다.

(2) 규제와 표준화 주도

중국 내 단일 규제 환경에서 축적한 안전 데이터를 바탕으로 글로벌 자율주행 안전 표준 제정에 영향력을 행사하고 있다.

(3) 사회적 과제

중국 내 로보택시 확산에 따른 기존 택시 기사들과의 갈등, 그리고 데이터 보안(Data Sovereignty) 문제는 바이두가 글로벌 확장을 위해 반드시 해결해야 할 과제로 남아 있다.

8.8 한국 오토노머스에이투지

대한민국의 대표적인 자율주행 스타트업인 오토노머스에이투지(Autonomous a2z)는 글로벌 무대에서 한국의 자율주행 기술력을 증명하고 있는 선두 주자이다.

2026년 초 현재, 에이투지는 세계적인 컨설팅 기관 가이드하우스(Guidehouse)의 자율주행 리더보드에서 세계 7위를 기록하며 테슬라(10위)와 모셔널(12위)을 제치는 놀라운 성과를 거두었다.

1. 기술적 핵심: 국산화율 96%의 로이(ROii)와 AI 플랫폼

에이투지는 완성차를 개조하는 단계를 넘어, 하드웨어와 소프트웨어를 동시에 설계하는 역량을 보유하고 있습니다.

(1) 자체 개발 차량 로이(ROii)

① 국산화율 96%

부품 대부분을 국내 기술로 해결하여 공급망 안정성을 확보했으며 2025년 APEC 정상회의에서 공식 자율주행 차량으로 운영되며 그 안정성을 세계에 알렸다.

② 레벨 4 전용 설계

스티어링 휠이 없는 무인 셔틀 구조로, 셔틀용(Project MS)과 배송용(Project SD)으로 나뉜다.

(2) 센서 퓨전 및 리던던시(Redundancy):

LiDAR, 레이더, 카메라를 통합한 센서 퓨전 기술을 사용하며, 시스템 고장 시에도 안전하게 정차할 수 있는 3단계 세이프티 폴백(Fallback) 시스템을 갖추고 있다.

① AI 네이티브 플랫폼

최근 AI 네이티브 개발 플랫폼을 도입하여 엔드투엔드(E2E) 자율주행 기술 양산을 목표로 고도화 중이다.

2. 서비스 모델과 시장 현황: 공공 모빌리티의 강자

에이투지는 일반 승용차보다는 대중교통과 물류라는 공공 모빌리티 시장을 선점하는 전략을 취하고 있다.

• **국내 최다 실증 레코드:** 세종, 대구, 서울 등 전국 각지에서 80대 이상의 차량을 운영하며 누적 주행거리 94만 km를 돌파, 국내 기업 중 가장 방대한 도심 주행 데이터를 보유하고 있다.

(1) 글로벌 합작법인(JV) 설립:

① 싱가포르

합작법인 A2G를 설립하고 현지 자율주행 면허(M1)를 취득하여 실증 사업을 진행 중이다.

② UAE

인공지능 기업 스페이스42(Space42)와 합작법인을 세워 중동 스마트시티 시장에 진출했다.

③ 비즈니스 파트너십

기아(Kia)와 파트너십을 맺고 차세대 PBV인 PV5에 에이투지의 자율주행 소프트웨어를 통합하는 협업을 진행하고 있다.

3. 미래 비전: 2026년 흑자 전환과 상장(IPO)

2026년은 에이투지가 기술 기업에서 상업적 성공을 거두는 기업으로 도약하는 중요한 해이다.

(1) 코스닥 상장 및 흑자 전환

2026년 내 흑자 전환을 목표로 하고 있으며, 이를 바탕으로 성공적인 IPO를 준비하고 있으며 자율주행 스타트업으로서 지속 가능한 수익 모델을 입증하는 사례가 될 것이다.

(2) 무인 셔틀 양산 체제

2026년 성능 인증 테스트를 거쳐 Project MS의 본격적인 상용 양산을 추진하며 2030년까지 1,000대 이상의 무인 셔틀을 보급한다는 계획이다.

(3) 사회적 기여

인구 감소로 인해 대중교통 유지가 어려운 지방 소도시나 교통 약자를 위한 모두를 위한 모빌리티를 비전으로 삼고 있다.

PART 03

자율주행이
마주한 거대한
장벽

Chapter 09 법과 제도: 사고의 책임은 누구에게 있는가?

9.1 운전자 vs 제조사 vs 소프트웨어 개발자

1. 운전자, 제조사, 소프트웨어, 그리고 책임의 재구성

자율주행 기술은 자동차의 작동 방식을 바꾸었을 뿐 아니라, 사고와 책임을 바라보는 사회의 전제 자체를 흔들고 있다.

전통적인 교통 사회에서 사고의 책임은 비교적 명확했다. 차를 조작한 사람이 있었고, 그 사람이 책임을 졌다. 그러나 자율주행 자동차가 등장하면서 이 단순한 구조는 더 이상 유지되기 어렵게 되었다.

차가 스스로 판단하고, 스스로 조향하며, 스스로 멈춘다면 사고의 책임은 과연 누구에게 귀속되어야 하는가? 이 질문은 기술의 문제가 아니라 법과 제도의 문제, 더 나아가 책임 개념을 어떻게 재 정의할 것인가에 대한 사회적 질문이다.

2. 기존 법체계의 출발점: 인간 중심 책임

현재 대부분의 교통법과 민·형사 책임 체계는 다음과 같은 가정을 전제로 한다. 차량은 인간이 조작한다. 사고는 인간의 과실로 발생한다. 따라서 책임은 운전자에게 귀속된다. 이 구조는 지난 수십 년간 효과적으로 작동해 왔다. 신호 위반, 과속, 부주의 운전 등 사고 원인은 대부분 인간의 판단 오류로 설명 가능했기 때문이다. 그러나 자율주행은 이 구조의 핵심을 무너뜨린다. 차량이 "조작의 주체"가 되는 순간, 운전자는 더 이상 전통적 의미의 운전자가 아니다.

자율주행 기술이 상용화된 초기 단계에서, 법과 제도는 비교적 보수적인 선택을 했으며 "자율주행 중이라도 책임은 운전자에게 있다." 이는 기술적 한계뿐 아니라 사회적 수용성을 고려한 결정이었다. 특히 자율주행 레벨 2와 레벨 3에서는 운전자에게 다음과 같은 의무가 부여된다.

• 시스템을 항상 감시할 것
• 필요 시 즉시 개입할 수 있을 것
• 자율주행 사용 여부에 대한 최종 책임을 질 것

그러나 여기에는 본질적인 모순이 존재한다. 시스템이 대부분의 운전 행위를 수행하는 상황에서 운전자에게 지속적인 주의와 즉각적인 개입 능력을 요구하는 것은 현실적으로 매우 어렵기 때문이다. 이 지점에서 운전자는 책임은 지지만 통제는 제한된 존재가 된다.

3. 자동차 제조사의 책임

자율주행 사고 논의에서 점차 중심으로 이동하는 주체는 자동차 제조사(OEM)다. 자율주행 차량은 더 이상 단순한 이동 수단이 아니라 판단 능력을 내장한 제품이기 때문이다. 제조사는 다음과 같은 영역에서 책임을 질 수 있다.

• 센서, 제동 시스템 등 하드웨어 결함
• 자율주행 알고리즘의 설계 오류
• 시스템 한계에 대한 불충분한 고지
• 예측 가능한 상황에 대한 대응 실패

특히 자율주행 모드가 활성화된 상태에서 발생한 사고는 기존의 제조물 책임법(Product Liability)의 논리로 접근될 가능성이 크다. 즉 차량이 스스로 판단하도록 설계되었다면 그 판단의 결과에 대한 책임도 설계자에게 귀속될 수 있다는 것이다.

4. 소프트웨어 개발자의 책임 문제

자율주행의 핵심은 소프트웨어다. 센서 데이터 해석, 상황 판단, 경로 계획, 제어 명령은 모두 알고리즘과 모델을 통해 이루어진다.

그렇다면 사고의 원인이 소프트웨어라면 이를 개발한 개인이나 팀이 책임을 져야 할까? 현실적으로 대부분의 법체계는 소프트웨어 개발자 개인에게 직접 책임을 묻지 않는다. 그 이유는 명확하다. 소프트웨어는 조직적 개발의 결과물이며 개발자는 설계 요구사항을 구현하는 역할에 가깝고 최종 배포와 사용 결정 권한은 제조사에 있다.

따라서 책임은 개발자 개인이 아니라 이를 상용화한 제조사에 귀속되는 것이 일반적이다. 다만, 향후 자율주행 소프트웨어가 차량과 분리된 독립 서비스로 제공될 경우 책임 구조는 더욱 복잡해질 가능성이 있다.

5. 자율주행 레벨에 따라 달라지는 책임의 성격

자율주행 사고 책임을 논의할 때 가장 중요한 기준 중 하나는 자율주행 레벨(Level)이다. 특히 레벨 3은 가장 많은 논쟁을 불러오는 단계다.

차량이 특정 조건에서 운전을 담당하지만 긴급 상황에서는 인간의 개입을 요구한다. 이로 인해 사고 발생 시 "누가 실제로 운전하고 있었는가"라는 질문에 명확히 답하기 어려운 상황이 발생한다.

그래서 많은 국가와 제조사들이 레벨 3 상용화에 매우 신중한 태도를 보이고 있다.

자율주행 레벨	책임의 기본구조
레벨 0~1	전적으로 운전자
레벨 2	원칙적으로 운전자
레벨 3	운전자와 제조사 책임이 교차
레벨 4	제조사 또는 운영자 중심
레벨 5	기존 책임 개념의 한계 도달

6. 책임 논의의 핵심 전환

자율주행 시대의 책임 문제는 단순히 책임 주체를 바꾸는 문제가 아니다. 중요한 것은 다음 질문이다.

사고 순간, 누가 시스템을 통제할 수 있었는가? 미래의 법과 제도는 조작 여부가 아니라 통제 권한과 시스템 설계 책임을 기준으로 책임을 재구성해야 할 가능성이 크다. 이는 보험 제도, 사고 조사 방식, 데이터 공개 기준까지 연쇄적인 변화를 요구한다.

따라서 자율주행은 법의 질문이다. 자율주행 기술은 점점 정교해지고 있으며, 기술이 사회에 완전히 받아들여지기 위해서는 사고 이후의 책임이 명확해야 하며 책임이 불분명한 기술은 신뢰받을 수 없고, 확산될 수 없다.

자율주행의 완성은 차량이 스스로 달릴 수 있을 때가 아니라, 사고가 발생했을 때 사회가 흔들리지 않을 때 이루어진다. 법과 제도는 기술을 뒤쫓는 존재가 아니라, 기술이 사회로 들어오기 위한 마지막 문턱이다.

9.2 \ 전 세계 자율주행 법규 현황(미국, 중국, 한국, 독일)

미국·중국·한국·독일은 왜 서로 다른 선택을 했는가?

자율주행 자동차를 이야기할 때 우리는 흔히 기술부터 떠올린다. 센서, 인공지능, 알고리즘, 그리고 미래의 교통 풍경. 하지만 자율주행이 실제 도로 위에 오르기 위해 반드시 통과해야 할 관문이 하나 있다. 바로 법과 제도다.

아무리 기술이 완성도 높아도, '이 차가 도로를 달려도 되는가, 사고가 나면 누가 책임지는가'에 대한 사회적 합의가 없다면 자율주행은 실험실을 벗어날 수 없다.

흥미로운 점은, 같은 자율주행 기술을 두고도 나라별로 전혀 다른 법적 접근을 선택했다는 사실이다. 미국, 중국, 한국, 독일은 각자의 역사와 문화, 사회적 가치에 따라 서로 다른 답을 내놓고 있다.

1. 미국: 일단 달려보자

미국의 자율주행 법규를 한 문장으로 요약하면 이렇다.

[규제보다 실험을 먼저] 미국에는 자율주행에 관한 단일한 전국 법률이 없다. 대신 각 주(州)가 자율주행 시험과 운행을 허용하는 규칙을 정하고, 연방 정부는 큰 방향만 제시한다. 이 방식의 장점은 분명하다.

새로운 기술을 빠르게 시험할 수 있고 실패를 통해 개선할 수 있으며 기업의 혁신 속도가 빠르다 실제로 미국에서는 운전석에 사람이 없는 차량, 핸들이 없는 차량도 제한된 조건에서 도로를 달릴 수 있다. 미국 사회는 오래전부터 완벽해질 때까지 [기다리기 보다, 사용하면서 고친다]는 문화에 익숙하다.

자율주행 법규 역시 이 철학의 연장선에 있다. 다만 단점도 있다. 주마다 규칙이 달라 혼란이 생기고 사고가 발생했을 때 책임 기준이 명확하지 않은 경우가 있다 미국식 접근은 속도와 혁신을 중시하는 선택이다.

2. 중국: 국가가 길을 만든다

중국의 자율주행 법규를 이해하려면 한 가지 전제를 먼저 받아들여야 한다.

중국에서 자율주행은 [산업 실험]이 아니라 [국가 전략]이다. 중국은 자율주행을 개별 기업의 혁신에 맡기지 않는다. 대신 국가와 지방정부가 직접 개입해 도로, 도시, 규칙을 함께 설계한다.

중국의 자율주행은 전국 어디서나 동일하게 허용되는 방식이 아니다. 베이징, 상하이, 선전, 우한 이처럼 특정 대도시는 자율주행 전용 구역과 규칙을 따로 설정한다. 즉, 중국에서는 [이 차가 자율주행이 가능한가?]보다 [이 도시, 이 구역에서 허용되는가]가 더 중요하다. 이는 도로 인프라, 신호 체계, 통신 환경까지 자율주행에 맞게 도시 전체를 실험 공간으로 만들기 위함이다.

중국의 제도에서 흥미로운 점은 운전자 개인보다 운영 주체를 중요하게 본다는 것이다. 자율주행 차량은 개인 소유 차량보다는 로보택시, 물류차량, 셔틀 등 서비스 형태로 먼저 확산되고 있다. 이 구조에서는 차량을 소유한 개인보다 서비스를 운영하는 기업이 사고와 안전의 중심에 놓인다.

중국은 자율주행을 개인의 선택이 아니라 관리 가능한 시스템으로 본다. 중국 자율주행 제도의 핵심에는 데이터는 규제 대상이자 자산이다. 주행 데이터, 센서 정보, 지도 및 환경 정보, 이 모든 것은 국가 안보, 산업 경쟁력과 직결된 요소로 간주된다.

따라서 중국에서는 데이터의 해외 이전에 엄격한 제한이 있고 자율주행 시스템은 국가의 관리·감독 아래 놓인다 이는 기업 입장에서는 제약이지만, 국가 입장에서는 기술 주도권을 확보하는 수단이다.

3. 한국: 안전이 먼저다

한국의 자율주행 법규는 비교적 최근에 정비되었고, 그 성격은 매우 분명하다.

사고 가능성은 최대한 줄여야 한다. 한국은 자율주행을 허용하되, 엄격한 시험 절차와 까다로운 안전 기준을 요구하며 정부의 사전 허가를 필수 조건으로 둔다.

자율주행 차량이 도로를 달리기 위해서는 먼저 [차량이 충분히 안전한가]를 국가가 확인해야 한다. 이 접근의 배경에는 인구 밀도가 높은 도로 환경과 사고에 대한 사회적 민감도 그리고 새로운 기술에 대한 신중한 태도가 있다.

한국은 아직 차가 완전히 스스로 운전하는 단계보다는 사람이 감독하는 자율주행을 중심으로 제도를 설계하고 있다. 이는 다소 보수적으로 보일 수 있지만, 사회적 수용성을 확보하려는 전략이기도 하다.

4. 독일: 법부터 완성하자

독일의 접근은 미국과 정반대다. [도로에 나오기 전에, 법으로 먼저 정의하자] 독일은 자율주행을 허용하기 위해 도로교통법 자체를 수정했다. 차량이 스스로 운전하는 상황을 법적으로 명확히 규정하고, 그때의 책임 구조까지 문서로 정리했다.

독일 법에는 다음과 같은 개념이 등장한다. 자율주행이 작동 중인 상태에서 인간이 개입해야 하는 순간과 사고 발생 시 판단의 주체 즉, [지금 이 순간, 운전자는 누구인가]를 법이 먼저 답해 주는 구조다. 독일이 이런 선택을 한 이유는 분명하다.

자동차 산업의 본고장으로 안전과 책임에 대한 높은 사회적 기준 법적 불확실성을 싫어하는 문화가 있으며 독일에서는 자율주행차가 사고를 내더라도 책임이 누구에게 있는지를 두고 사회가 혼란에 빠지지 않도록 설계되어 있다. 독일식 접근은 안정성과 신뢰를 중시한다.

[참고] 국가별 자율주행의 관점 비교

국가	자율주행을 바라보는 관점	법의 역할
미국	혁신실험	빠른 시도허용
중국	국가전략	통제된 확산
한국	사회적 안전	위험 최소화
독일	책임과 질서	기준과 책임 정의

어느 나라의 선택이 옳다고 단정할 수는 없으며 각 국가는 자신들의 도로 환경과 사회적 가치에 맞는 길을 택했을 뿐이다.

5. 자율주행은 기술 문제가 아니라 사회의 선택이다

자율주행 법규를 들여다보면 한 가지 사실이 분명해진다. 자율주행은 단순한 기술 발전이 아니라, 사회가 위험을 어떻게 받아들이는가에 대한 문제라는 점이다.

'어느 정도의 위험을 감수할 것인가, 사고의 책임을 어디까지 나눌 것인가, 기계에게 얼마나 많은 판단 권한을 줄 것인가, 질문에 대한 답은 각 사회의 가치관을 그대로 반영한다.

(1) 수용 가능한 위험의 수준 (The Threshold of Risk)

기술적으로 자율주행차가 인간 운전자보다 10배 안전하다고 가정하더라도, 사회는 단 한 건의 기계에 의한 사고에 훨씬 더 민감하게 반응한다.

① 완벽주의의 함정

인간의 실수는 불운으로 치부되지만, 알고리즘의 오류는 설계의 결함으로 간주된다.

② 사회적 선택

우리 사회가 자율주행차에게 어느 정도의 사고율을 허용할 것인가?

0%의 사고는 불가능하다는 점을 대중이 어떻게 받아들이게 할 것인가에 대한 정무적·문화적 선택이 필요하다.

(2) 책임의 패러다임 전환 (Shift of Responsibility)

지금까지의 교통사고는 운전자 개인의 과실을 묻는 구조였지만 자율주행 시대에는 책임의 주체가 개인에서 기업(제조사)과 국가로 이동한다.

① 보험 및 법적 인프라

사고 발생 시 소프트웨어 개발자, 센서 제조사, 혹은 인프라 관리자 중 누구에게 책임을 물을 것인가에 대한 법적 합의는 기술 개발보다 훨씬 까다로운 과정이다.

② 사회의 선택

제조사가 책임을 지게 함으로써 기술 혁신을 위축시킬 것인가, 아니면 별도의 공적 기금을 통해 피해자를 구제하는 새로운 사회보장 제도를 만들 것인가를 결정해야 한다.

(3) 가치 우선순위의 결정 (Ethical Prioritization)

유명한 트롤리 문제는 단순히 철학적 유희가 아니라, 실제 자율주행 알고리즘에 프로그래밍되어야 할 가치 판단의 문제이다.

① 윤리의 프로그래밍

보행자를 보호할 것인가, 탑승자를 보호할 것인가? 다수를 살릴 것인가, 소수를 살릴 것인가?

② 사회의 선택

이러한 선택은 엔지니어가 독단적으로 결정할 수 없으며 국가별, 문화별 가치관에 따라 달라질 수 있는 이 도덕적 가이드라인은 결국 그 사회가 지향하는 가치관의 투영이 된다.

(4) 모빌리티의 공공성 vs 경제성

자율주행차는 택시 기사, 화물차 운전사 등 수많은 일자리에 영향을 미치게 되고 동시에 교통 약자들에게는 전례 없는 이동의 자유를 선사한다.

① 디지털 포용

효율성만을 따져 특정 지역이나 계층에만 서비스가 집중되게 둘 것인가, 아니면 이동권을 기본권으로 보장할 것인가?

② 사회의 선택

기술 도입으로 발생하는 이익을 사회가 어떻게 재분배하고, 일자리 전환을 어떻게 도울 것인지에 대한 정치적 결단이 자율주행의 안착 속도를 결정하게 될 것이다.

(5) 자율주행의 속도는 법이 결정한다

자율주행 기술은 전 세계적으로 비슷한 수준에 도달하고 있으나 실제 도로에서의 모습은 나라별로 크게 다르다. 그 차이를 만드는 것은 센서의 성능도, 인공지능의 똑똑함도 아닌 법과 제도의 선택이다. 자율주행의 미래는 기술자가 아니라, 사회 전체가 함께 결정하고 있다.

1. 기존 자동차 보험의 전제는 인간 운전자였다

자동차 보험은 오랫동안 매우 단순한 질문에 답해 왔다. '누가 잘못했는가?' 운전자가 신호를 위반 했는지, 속도를 넘겼는지, 주의를 게을리 했는지. 사고의 원인은 대부분 인간의 행동이었고, 보험은 그 행동의 결과를 보상하는 장치였다. 그러나 자율주행 자동차의 등장은 이 질문 자체를 무너뜨리고 있다.

지금의 자동차 보험은 세 가지 전제 위에 설계되어 있으며 사고의 주체는 인간이다. 사고 원인은 인간의 과실이다. 위험 수준은 개인마다 다르기 때문에 자동차보험은 운전 경력, 사고 이력, 연령, 운전 습관을 기준으로 보험료를 책정해 왔다. 즉, 보험은 사람을 평가하는 제도였다.

2. 자율주행이 보험을 흔드는 이유

① 자율주행 자동차가 등장하면서 사고의 성격이 달라지기 시작했다. 인간의 판단 실수 → 시스템의 판단 결과로 순간적인 실수 → 설계· 학습· 업데이트의 결과에서 사고가 더 이상 누가 졸았는가의 문제가 아니라 시스템이 왜 그렇게 판단했는가의 문제가 된다.

이 순간부터 기존보험의 기준은 작동하지 않는다. 자율주행 시대의 보험은 사람보다 기술과 시스템을 중심으로 재편될 수밖에 없다. 책임의 이동이 운전자에서 → 제조사로, 개인에서 → 기업으로, 행위에서 → 설계와 관리로 될 것이며, 이로 인해 보험의 대상도 바뀐다.

② 개인 자동차 보험 ↓, 제조사 책임 보험 ↑,자율주행 서비스 보험 ↑ 보험은 점점 운전 실력이 아니라 시스템 신뢰도를 평가하게 될 것으로 보인다.

자율주행은 전체 사고 건수를 줄일 가능성이 크다. 하지만 역설적인 변화가 나타난다. 잦은 소규모 사고 ↓, 드문 대규모 책임 사고 ↑, 하나의 소프트웨어 오류가 수천, 수만 대 차량에 동시에 영향을 줄 수 있기 때문이다.

이는 보험의 성격을 바꾼다. 빈도 기반 보험 → 규모 기반 보험, 개인 사고 → 시스템 리스크로 보험은 이제 얼마나 자주 사고가 나는가보다 한 번 발생하면 얼마나 큰가를 더 중요하게 본다.

③ 자율주행 보험의 핵심 자산은 차량도, 사람도 아닌 데이터다. 사고 직전 자율주행 상태, 인간 개입 여부, 센서 인식 결과, 소프트웨어 버전 데이터는 사고 원인을 밝히는 증거이자 보험 책임을 가르는 기준이 된다.

앞으로 보험사는 사고를 추정하지 않고 기록을 통해 재현하게 된다. 전통적 보험은 사후 보상 중심이었다. 사고가 나면, 그 다음을 처리한다.

자율주행 시대의 보험은 사고 이전부터 개입한다. 위험한 소프트웨어 업데이트 제한 특정 조건에서 자율주행 사용 제한, 시스템 안정성 평가 반영되며 보험은 점점 안전 관리 파트너에 가까워진다. 많은 사람들이 묻는다.

④ 결국 보험은 기술의 그림자다. 보험은 언제나 그 시대의 기술을 따라 움직여 왔다. 마차가 사라지사 마차 보험도 시라졌고, 자동차가 등장하자 자동차 보험이 생겼다. 이제 운전자가 사라지기 시작하면서 보험도 변하고 있다.

자율주행 시대의 보험은 사고를 처리하는 제도가 아니라, 사회를 안정시키는 장치가 된다. 자동차 보험의 변화는 자율주행 기술이 사회에 얼마나 깊이 들어왔는지를 보여주는 가장 분명한 신호다.

Chapter 10 윤리적 딜레마: 트롤리 문제(Trolley Problem)

10.1 \ 인공지능에게 가치 판단을 맡길 수 있는가?

인공지능은 놀라운 속도로 발전하고 있다. 이미 우리는 인공지능이 사람보다 더 잘 인식하고, 더 빠르게 계산하며, 더 정확하게 예측하는 장면을 수없이 목격했다. 그러나 기술이 고도화될수록, 점점 더 불편한 질문이 등장한다. 인공지능에게 옳고 그름을 판단하게 해도 되는가, 우리는 가치 판단을 기계에게 맡길 수 있는가, 이 질문은 단순한 기술 문제가 아니다. 그것은 인간이 스스로에게 던지는 질문이기도 하다.

1. 인공지능은 무엇을 잘하는가

인공지능의 강점은 분명하다.

- 방대한 데이터를 빠르게 처리한다
- 패턴을 찾아내고 확률을 계산한다
- 정해진 목표를 효율적으로 달성한다

이러한 능력 덕분에 인공지능은 의료 영상 판독, 금융 리스크 분석, 교통 흐름 최적화와 같은 영역에서 인간을 능가한다. 하지만 여기에는 중요한 전제가 있다. 인공지능은 목표가 주어졌을 때 가장 잘 작동한다. 문제는 바로 그 목표다.

2. 가치 판단은 목표를 정하는 일이다

가치 판단이란 무엇일까?

- 누구를 우선 보호할 것인가?
- 어떤 위험을 감수할 것인가?
- 효율과 공정성 중 무엇을 택할 것인가?

이 질문들에는 명확한 정답이 없다. 시대, 문화, 상황에 따라 답이 달라지며 가치 판단은 계산의 문제가 아니라 선택의 문제다. 그리고 선택에는 언제나 책임이 따른다.

3. 인공지능은 판단하지 않는다

우리는 흔히 말한다. 인공지능이 판단했다. 그러나 정확히 말하면, 인공지능은 판단하지 않는다. 인공지능이 하는 일은 다음과 같다.

- 인간이 설정한 목표를 따른다.
- 인간이 제공한 데이터를 학습한다.
- 인간이 설계한 기준을 최적화한다.

즉, 인공지능의 모든 결정에는 이미 인간의 가치가 스며들어 있다. 문제는 그 가치가 누구의 것인지 어디까지 반영되었는지 어떤 맥락에서 만들어졌는지 우리가 종종 잊는다는 점이다.

4. 자율주행차는 누구를 보호할 것인가

이 논의는 자율주행 자동차에서 가장 날카롭게 드러난다. 사고를 피할 수 없는 순간,

- 탑승자를 우선할 것인가?
- 보행자를 우선할 것인가?
- 피해를 최소화하는 선택은 무엇인가?

이 질문은 기술적으로 풀 수 없다. 어떤 선택을 하든, 누군가는 피해를 본다. 인공지능에게 이 결정을 맡긴다는 것은, 사실상 누군가의 가치관을 코드로 고정하는 일이다.

그 순간, 인공지능은 중립적이지 않다.

5. 편향 없는 인공지능은 가능한가

　많은 사람들은 말한다. 편향 없는 인공지능을 만들면 된다. 하지만 편향 없는 가치 판단은 존재하지 않는다. 안전을 중시하면 자유가 줄어들고 효율을 중시하면 소수가 소외되며 평균을 중시하면 개인은 사라진다. 인공지능이 특정 기준을 따르는 순간, 그 기준에 동의하지 않는 사람은 이미 배제된다. 문제는 편향이 있다는 사실이 아니라, 그 편향이 보이지 않게 작동한다는 점이다.

6. 누가 그 선택을 책임지는가

　가치 판단에는 반드시 책임이 따른다.
- 잘못된 선택을 누가 설명할 것인가?
- 피해에 대해 누가 사과할 것인가?
- 기준을 바꿀 권한은 누구에게 있는가?

　인공지능은 책임을 질 수 없다. 법적으로도, 윤리적으로도 그렇다. 결국 책임은 개발자, 기업, 정부, 사회중 누군가에게 돌아간다. 그렇다면 질문은 이렇게 바뀐다. 우리는 책임을 질 준비 없이 판단만 기계에게 넘기고 있는 것은 아닐까?

7. 인공지능이 판단하게 해서는 안 되는 이유

　인공지능에게 가치 판단을 맡기는 것이 위험한 이유는 기계가 틀릴 수 있어서가 아니다. 오히려 더 정확할 수도 있다.

　진짜 문제는 이것이다. 판단의 이유를 설명하지 않아도 된다고 사람들이 착각하게 만든다는 점. 기계가 그렇게 결정했다는 말은 책임을 흐리게 한다. 판단은 점점 자동화되지만, 그 결과를 되돌아보는 인간의 노력은 줄어든다.

8. 인공지능은 판단의 주체가 아니라 도구다

인공지능은 더 많은 정보를 보여줄 수 있고 선택의 결과를 시뮬레이션할 수 있으며 인간의 편견을 드러내는 거울이 될 수 있다. 그러나 최종 선택은 반드시 인간의 몫이어야 한다. 인공지능에게 맡길 수 있는 것은 계산이지, 가치가 아니다.

우리가 인공지능에게 가치 판단을 맡기는 순간, 우리는 스스로 판단하는 존재이기를 포기하게 된다. 이 질문의 답은 결국 기술이 아니라 인간이 어떤 사회를 원하는가에 달려 있다.

10.2 탑승자 보호 vs 보행자 보호: 프로그래밍된 도덕

1. 찰나의 본능에서 설계된 의도로

인간 운전자는 위급 상황에서 반사적인 본능에 따라 움직이게 된다. 사고 직후 나도 모르게 핸들을 꺾었다는 변명이 통용되는 이유이기도 하다. 그러나 자율주행 자동차는 다르게 접근된다. 모든 판단은 수백만 분의 일 초 단위로 계산된 알고리즘의 결과이며, 자율주행차의 사고는 예기치 못한 실수가 아니라, 개발 단계에서 이미 결정된 프로그래밍된 의도가 된다. 여기서 우리는 가장 잔인한 질문을 마주하게 되는데 피할 수 없는 사고의 순간, 자동차는 누구를 희생시켜야 하는가?

2. 이기적 차량 vs 이타적 법규: 소비자 선택의 모순

MIT의 모럴 머신(Moral Machine) 프로젝트는 전 세계 수백만 명을 대상으로 이 난제를 질문했는데 결과는 매우 흥미로웠다.

- **공공의 선**: 대다수는 보행자 여러 명을 살리기 위해 '탑승자 한 명(자기 자신)을 희생하는 차가 도덕적이다' 라고 답했다.
- **구매 의사**: 그러나 정작 '그 이타적인 차를 당신이 구매하겠습니까' 라는 질문에는 모두가 고개를 저었다.

이것이 자율주행이 직면한 사회적 선택의 핵심이다. 제조사가 탑승자 보호를 최우선으로 하면 살인 기계라는 사회적 비난에 직면하고, 보행자 보호를 최우선으로 하면 시장에서 선택받지 못하는 상업적 자살행위가 된다. 결국, 이 문제는 기술의 영역을 넘어 사회적 합의를 거친 표준 가이드라인이 필요한 영역이다.

3. 독일 윤리위원회의 권고: 차별 금지의 원칙

2017년 세계 최초로 자율주행 윤리 지침을 발표한 독일 윤리위원회는 이 문제에 대해 중요한 이정표를 제시했다.

- **인간 존엄성의 불가침성**: 사고 상황에서 어린이 한 명보다 노인 여러 명을 구하는 식의 가치 환산 금지하며 연령, 성별, 신체적·정신적 상태에 따라 인간을 차별하여 희생시켜서는 안 된다는 원칙이다.
- **피할 수 없는 희생**: 인명 피해와 재산 피해 중에서는 반드시 인명 피해를 최소화해야 하지만, 인명 간의 가치를 저울질하는 프로그래밍은 법적으로 금지해야 한다고 명시하고 있다.

4. 사회의 선택이 알고리즘이 되는 과정

결국 자율주행차의 도덕성은 엔지니어의 코딩 한 줄이 아니라, 그 사회가 합의한 법적·윤리적 인프라 위에서 구현되어야 한다.

- **확률적 위험 최소화**: 특정 대상을 선택해 희생시키기보다, 전체적인 사고 확률과 피해 총량을 최소화하는 방향으로 경로를 계획하는 알고리즘(Risk Minimization)이 현실적인 대안으로 떠오르고 있다.

- **도덕적 블랙박스**: 사고 발생 시 알고리즘이 어떤 논리로 판단했는지를 투명하게 공개하고, 이에 대한 사회적 책임 소재를 명확히 하는 제도가 선행되어야 한다.

10.3 사회적 합의: 기술보다 어려운 합의의 과정

1. 속도의 불일치: 100km/h의 기술과 10km/h의 제도

자율주행 기술은 '무어의 법칙'을 따르듯 기하급수적으로 발전하고 있다. 하지만 이를 수용하기 위한 법적·제도적 인프라와 시민들의 인식은 보수적이며 점진적으로 변화하고 있다.

- **규제 샌드박스의 한계**: 특정 지역에서 기술을 테스트하는 것은 가능하지만, 이를 전국적인 도로망으로 확대하기 위해서는 수만 개의 기존 법령과 충돌하게 된다.
- **합의의 지연**: 기술은 실험실에서 완성될 수 있지만, 합의는 공청회, 국회, 시민단체와의 토론 등 수많은 말의 성치를 거쳐야 합니다. 이 속도의 간극을 어떻게 메울 것인가가 자율주행 상용화의 실질적인 골든타임을 결정하게 된다.

2. 책임의 공유: '누구'의 잘못인가에서 '어떻게' 해결할 것인가로

사고 발생 시 책임 소재를 가리는 것은 사회적 합의 중 가장 갈등이 첨예한 영역이다.

- **무과실 책임 원칙의 검토**: 운전자의 과실을 따지기 힘든 자율주행 사고에서, 피해자를 즉각적으로 구제하기 위해 제조사나 보험사가 먼저 배상하고 사후에 원인을 규명하는 방식에 대한 합의가 필요하다.
- **데이터 공개의 투명성**: 사고의 원인을 분석하기 위해 차량의 주행 데이터를 어디까지 국가나 수사기관에 공개할 것인가에 대한 프라이버시와 기업 기밀 사이의 합의점도 마련되어야 한다.

3. 이해관계자의 충돌과 상생 모델

자율주행은 기존 산업 생태계를 파괴하는 파괴적 혁신의 성격을 띤다.

- 직업군의 소멸과 생성: 운수업 종사자들의 생존권 문제는 단순히 경제적 보상을 넘어 사회 구조적 갈등으로 번질 수 있다. 자율주행 도입으로 발생하는 경제적 이익(Efficiency Gain)을 어떻게 재분배하여 기존 종사자들의 전업과 교육을 도울 것인지에 대한 사회적 결단이 필요하다.
- 공공 모빌리티의 정의: 자율주행 서비스가 민간 기업 주도로만 흐를 경우, 수익성이 낮은 소외 지역이나 교통 약자들은 오히려 기술의 혜택에서 배제될 수 있다. 모빌리티를 누구나 누려야 할 보편적 권리로 규정할지에 대한 합의가 선행되어야 한다.

4. 결론: 기술을 완성하는 마지막 퍼즐은 사람이다

결국 자율주행 알고리즘에 담길 도덕적 기준과 법적 책임의 범위는 엔지니어가 키보드 위에서 결정하는 것이 아니다. 그것은 우리 사회가 어떤 가치를 더 우선시하는지, 어떤 형태의 비극까지를 공동체가 감내할 것인지에 대한 정치적이고 문화적인 선택의 결과물이다.

완벽한 기술은 존재하지 않을지 모르지만 완숙한 합의는 존재할 수 있다. 기술이 어떻게 가느냐(How to go)를 묻는다면, 사회적 합의는 어디로 가느냐(Where to go)를 결정한다. 자율주행 자동차가 우리 도로 위를 평화롭게 달리기 위한 마지막 퍼즐 조각은 바로 우리 사회 구성원들의 깊은 대화와 양보, 그리고 합리적인 선택이다.

PART 04

비즈니스 전쟁

- 누가 시장을 지배할 것인가?

Chapter 11 빅테크 vs 완성차 기업의 격돌

11.1 테슬라(Tesla): 데이터와 FSD로 무장한 혁신가

1. 데이터 플라이휠(Data Flywheel): 전 세계 도로가 테슬라의 시험장

테슬라의 가장 강력한 무기는 도로 위를 달리는 수백만 대의 차량 그 자체입니다. 웨이모나 죽스 같은 기업들이 수천 대의 시험 차량으로 데이터를 수집할 때, 테슬라는 전 세계 고객들이 운행하는 차량을 통해 실시간 데이터를 확보한다.

(1) 함대 학습(Fleet Learning)

수백만 대의 테슬라 차량은 주행 중 발생하는 특이 케이스(Edge Cases)를 본사로 전송하는데 예를 들어, 갑자기 튀어나오는 야생동물이나 공사 중인 복잡한 교차로 데이터는 즉시 학습 데이터셋으로 전환하게 된다.

(2) 섀도 모드(Shadow Mode)

자율주행 소프트웨어가 실제로 차를 제어하지 않더라도, 백그라운드에서 나라면 이렇게 판단했을 것이라고 시뮬레이션하며 인간 운전자의 실제 조작과 비교 학습하게 된다. 이러한 과정을 통해 알고리즘은 인간의 숙련된 운전 기술을 흡수하게 된다.

2. FSD V12의 혁명: 코드에서 가중치(Weights)로

최근 테슬라가 선보인 FSD(Full Self-Driving) V12 버전은 자율주행 기술의 패러다임을 완전히 바꿔놓았다. 기존의 자율주행이 수십만 줄의 C++ 코드로 짜인 규칙

(Heuristics) 기반이었다면, V12는 엔드 투 엔드(End-to-End) 신경망을 도입했다.

(1) 뉴럴넷 기반 제어

빨간불이면 멈춰라라는 코드를 입력하는 대신, 방대한 주행 영상을 인공지능에게 학습시켜 AI 스스로 운전의 규칙을 깨닫게 하는 방식이다.

(2) 인간다운 주행

규칙 기반 시스템이 보여주는 딱딱하고 기계적인 움직임 대신, V12는 노면 상태나 주변 차량의 흐름에 맞춰 부드럽게 가감속하는, 마치 베테랑 운전자와 같은 유연한 주행을 선보인다.

3. 테슬라 비전(Tesla Vision): 눈(Camera)이면 충분하다

테슬라는 자율주행 업계의 상식이었던 고가의 라이다(LiDAR)와 레이더(Radar)를 과감히 제거하고 오직 8개의 카메라와 인공지능만으로 주행하는 비전 전용(Vision-only) 전략을 고수하고 있다.

(1) 생물학적 모사

인간도 두 눈으로 운전을 하는데, 기계라고 못 할 이유가 없다 라는 일론 머스크의 철학이 담겨 있다.

(2) 비용과 확장성

비싼 센서를 제거함으로써 차량 가격을 낮추고 대량 생산을 가능케 했으며, 이는 곧 더 많은 차량 판매와 더 많은 데이터 수집이라는 선순환 구조를 만들었다.

4. 도조(Dojo): 지능을 찍어내는 공장

수집된 막대한 영상을 학습시키기 위해 테슬라는 자체 슈퍼컴퓨터 도조(Dojo)를 구축했다.

(1) AI 트레이닝의 심장

도조는 자율주행용 신경망을 훈련시키는 데 최적화된 맞춤형 칩(D1)으로 구성되어 있다. 테슬라는 이를 통해 AI 모델 업데이트 속도를 비약적으로 높였으며, 향후 자율주행뿐만 아니라 휴머노이드 로봇 옵티머스의 두뇌를 만드는 데도 이 인프라를 활용하고 있다.

5. 결론: SDV(소프트웨어 중심 자동차)의 선구자

테슬라는 자동차를 기계 제품이 아닌 소프트웨어 제품으로 재 정의했다. 무선 업데이트(OTA)를 통해 어제보다 오늘 더 똑똑해지는 차, 데이터가 쌓일수록 가치가 높아지는 차를 구현해 냈으며, 전통적인 완성차 기업들이 테슬라를 단순한 경쟁자가 아닌, 거대한 기술적 장벽으로 느끼는 이유이기도 하다.

11.2 웨이모(Waymo)와 죽스(Zoox): 로보택시의 선두주자

테슬라가 일반 소비자에게 차를 팔아 데이터를 모으는 상향식(Bottom-up) 접근을 취한다면, 구글의 웨이모와 아마존의 죽스는 처음부터 운전자가 필요 없는 레벨 4 이상의 로보택시(Robotaxi) 완성을 목표로 하는 하향식(Top-down) 전략을 구사한다.

1. 웨이모(Waymo):자율주행의 살아있는 역사와 정석

구글의 자율주행 프로젝트로 시작된 웨이모는 업계에서 가장 신뢰받는 웨이모 드라이버(Waymo Driver) 시스템을 보유하고 있다.

(1) 센서 퓨전(Sensor Fusion)의 극치

테슬라와 달리 라이다(LiDAR), 레이더, 카메라를 모두 사용하는 다중 센서 방식을 고수하고 있으며, 특히 자체 개발한 고성능 라이다는 야간이나 악천후에서도 수백 미터 앞의 장애물을 센티미터 단위로 정밀하게 인식한다.

(2) 지오펜싱(Geofencing)과 HD 맵

특정 서비스 지역을 정밀하게 매핑한 고정밀 지도(HD Map)를 기반으로 주행하고 시스템의 복잡도를 낮추고 안전성을 극대화하는 전략으로, 현재 피닉스, 샌프란시스코 등지에서 실제 무인 택시 유료 서비스를 안정적으로 운영하는 원동력이다.

(3) 안전 우선주의

웨이모는 인간보다 수십 배 안전하다는 것을 증명하기 위해 수천만 마일의 실 도로 주행 데이터와 수십억 마일의 시뮬레이션 데이터를 결합하여 철저한 검증 과정을 거치고 있다.

2. 죽스(Zoox): 자동차의 형태를 다시 정의하다

아마존이 인수한 죽스는 단순히 자율주행 시스템을 만드는 것을 넘어, 운전석이 없는 자동차자체를 새롭게 설계했다.

(1) 양방향 주행(Bidirectional Driving)

죽스의 차량은 앞뒤 구분이 없다. 좁은 골목에서도 후진할 필요 없이 방향만 바꿔 나갈 수 있는 4륜 조향 시스템을 갖췄다.

(2) 마주 보는 좌석(Carriage Seating)

운전대가 사라진 공간에 승객들이 기차처럼 마주 보고 앉는 구조를 도입하여 자동차를 이동하는 거실로 재탄생시켰다.

(3) 혁신적 안전 설계

모든 좌석에 대응하는 특수 에어백 시스템을 구축하여, 기존 양산차를 개조한 자율주행차보다 사고 시 승객 보호 능력이 뛰어나다.

3. 웨이모·죽스 vs 테슬라: 전략적 차이점 구분

구분	웨이모 / 죽스 (L4 로보택시)	테슬라 (FSD / 로보택시)
핵심 센서	라이다 + 레이더 + 카메라(다중센서)	오직 카메라 (Vision-only)
지도 활용	정밀지도(HD Map) 필수 기반	지도 의존 최소화 (범용성 강조)
운영 방식	특정 구역 내 무인 서비스 (지오펜싱)	어디서든 작동하는 보조 시스템 지향
비즈니스	이동 서비스 제공 (MaaS)	차량 판매 및 소프트웨어 구독

4. 남겨진 숙제

수익성과 확장성의 가장 큰 과제는 천문학적인 비용이다. 대당 억 단위가 넘어가는 고가의 센서 비용과 지역별로 정밀 지도를 구축해야 하는 한계는 서비스 지역을 빠르게 넓히는 데 걸림돌이 된다. 그러나 사고 발생 시 책임 소재가 명확하고 운행 안정성이 높다는 점에서, 공공 운송 체계로서의 자율주행 모델에는 이들의 방식이 더 적합하다는 평가를 받고 있다.

11.3 현대차, 벤츠, BMW: 전통 제조사의 SDV(소프트웨어 중심 자동차) 전환 전략

전통적인 자동차 제조 방식은 수백 개의 제어기(ECU)가 각각 독립적인 기능을 수행하는 분산형 구조였다. 하지만 자율주행 시대의 자동차는 SDV(Software Defined Vehicle), 즉 소프트웨어가 하드웨어를 제어하고 차량의 가치를 결정하는 구조로 진화해야 한다. 이에 글로벌 완성차 기업들은 독자적인 OS 구축과 아키텍처 통합에 사활을 걸고 있다.

1. 현대자동차그룹: SDx(Software-defined Everything)로의 확장

현대차그룹은 단순한 차량 제어를 넘어 이동 수단 전반을 소프트웨어로 연결하는 SDx 전략을 추진 중이며 현대차는 모셔널을 통해 [하드웨어 제조사]에서 [스마트 모빌리티 솔루션 프로바이더]로 거듭나고 있다.

- ccOS(Connected Car Operating System): 현대차가 독자 개발한 커넥티드 카 운영체제로, 차량 내 커넥티비티, 인포테인먼트, 주행 보조 시스템을 유기적으로 연결한다.
- 중앙 집중형 아키텍처: 기존의 복잡한 배선과 제어기를 통합하여, 단 몇 개의 고성능 컴퓨터(HPDC)가 차량 전체를 제어하는 영역 제어(Zonal Architecture) 구조로 전환하고 있다.
- 42dot과의 시너지: 자율주행 소프트웨어 스타트업 포티투닷(42dot)을 중심으로 SDV 가속화 전략을 펼치며, 2025년까지 모든 차종에 무선 업데이트(OTA) 기능을 기본 적용하는 것을 목표로 한다.

(1) 포티투닷(42dot) vs 모셔널(Motional)

현대차그룹은 자율주행 기술을 내재화하기 위해 두 가지 트랙을 동시에 운영하고 있다. 국내의 포티투닷(42dot)이 SDV(소프트웨어 중심 자동차)의 기반을 다진다면, 미국의 모셔널(Motional)은 글로벌 시장을 타겟으로 한 레벨 4 로보택시의 선봉장 역할을 한다.

(2) 모셔널 탄생 배경: 전통 제조와 자율주행 SW의 만남

모셔널은 2020년 현대자동차그룹과 세계적인 자율주행 기술력을 보유한 앱티브(Aptiv)가 5:5 비율로 투자해 설립한 합작법인(JV)이다.

① 현대차의 목적

완성차 제조 역량에 세계 최고 수준의 자율주행 소프트웨어를 이식하는 것.

② 앱티브의 목적

자신들의 알고리즘을 실제 양산형 차량에 대규모로 적용할 플랫폼을 확보하는 것.

(3) 핵심 결과물: 아이오닉 5 로보택시 (Ioniq 5 Robotaxi)

모셔널의 기술력이 집약된 결과물이 바로 현대차의 E-GMP 플랫폼을 기반으로 한 미국에서 운영 중인 아이오닉 5 로보택시이다.

① 하드웨어 최적화

차량 설계 단계부터 자율주행 센서(라이다, 레이더, 카메라)를 유기적으로 통합하여 외관의 이질감을 줄이고 성능을 극대화했다.

② 리던던시(Redundancy)

조향, 제동, 전력 등 주요 시스템을 이중화하여, 한쪽이 고장 나도 안전하게 멈추거나 주행할 수 있는 레벨 4 수준의 안전성을 확보했다.

(4) 최근의 변화: 현대차의 주도권 강화

2024년 5월, 현대차그룹은 앱티브가 보유한 모셔널 지분 상당수를 인수하며 경영권을 확보했는데 이는 시사하는 바가 크다.

① 기술 내재화 가속

외부 파트너십에 의존하던 단계에서 벗어나, 현대차가 직접 자율주행 소프트웨어 개발을 진두지휘하겠다는 의지로 보인다.

② 수익성 개선 및 시너지

로보택시 상용화 시점이 늦춰짐에 따라 발생하는 비용 부담을 감수하더라도, 모셔널의 기술을 현대차의 양산차(레벨 2~3)에 빠르게 이식하여 상품성을 높이려는 전략이다.

(5) 역할 분담: 42dot vs Motional

자율주행에 있어서 혼동하기 쉬운 지점이 바로 현대차 내 두 조직의 차이이다.

① 42dot (서울)

SDV 전환을 위한 통합 OS(운영체제) 개발과 국내 환경에 최적화된 자율주행 솔루션에 집중하게 된다.

② Motional (보스턴)

글로벌 표준에 맞춘 레벨 4 자율주행 알고리즘 개발 및 미국 내 로보택시 서비스 운영 경험을 축적하게 된다.

2. 메르세데스-벤츠: MB.OS와 엔비디아(NVIDIA)의 결합

벤츠는 럭셔리 디지털 경험과 안전을 소프트웨어 전략의 핵심으로 삼고 있다.

(1) MB.OS(Mercedes-Benz Operating System)

벤츠가 직접 설계한 칩-투-클라우드(Chip-to-Cloud) 아키텍처이며, 인포테인먼트뿐만 아니라 자율주행, 차체 및 편의 기능을 모두 적용하게 된다.

(2) 엔비디아와의 파트너십

하드웨어(칩셋)와 소프트웨어 플랫폼 개발에서 엔비디아와 협력하여 레벨 3 자율주행 시스템인 드라이브 파일럿(Drive Pilot)의 성능을 극대화하고 있다.

(3) 수익 모델의 변화

소프트웨어 업데이트를 통해 차량 구매 후에도 새로운 가속 성능이나 자율주행 기능을 구독 서비스 형태로 제공하는 비즈니스 모델을 구축 중이다.

3. BMW: 노이어 클라세(Neue Klasse)와 디지털 감성

BMW는 차세대 전기차 플랫폼인 노이어 클라세(New Class)를 통해 하드웨어와 소프트웨어의 완벽한 통합을 꾀하고 있다.

(1) BMW OS 9

안드로이드 오픈소스(AOSP) 기반의 최신 OS를 통해 사용자에게 스마트폰과 유사한 매끄러운 UX를 제공한다.

(2) 디지털 샤시 제어

주행 성능에 강점이 있는 브랜드답게, 소프트웨어를 통한 정밀한 구동력 배분과 샤시 제어로 운전의 즐거움을 자율주행 시대에도 계승하려 한다.

(3) 사용자 중심 혁신

차량 전면 유리를 디스플레이로 활용하는 BMW 파노라믹 비전 등 디지털 기술을 공간 경험으로 치환하는 데 집중한다.

4. 전통 제조사의 강점: 하드웨어와 소프트웨어의 하모니

빅테크 기업들이 소프트웨어 역량은 뛰어나지만, 수만 개의 부품을 조립하고 안전을 담보하는 제조 경쟁력은 전통 제조사들의 독보적인 영역이다.

(1) 수직 계열화 vs 오픈 생태계

전통 제조사들은 핵심 OS는 내재화하되, 앱 생태계나 엔터테인먼트는 구글, 애플과 협력하는 유연한 전략을 취하고 있다.

(2) 신뢰의 자산

자율주행 사고 발생 시 책임 소재가 중요해지는 만큼, 오랜 기간 축적된 제조사의 브랜드 신뢰도와 전국적인 서비스 네트워크는 강력한 진입장벽이 된다.

Chapter 12 모빌리티 생태계의 변화

12.1 \ MaaS(Mobility as a Service): 소유에서 구독으로

과거에 자동차는 부의 상징이자 필수적인 소유물이었다. 하지만 디지털 전환과 자율주행 기술의 결합은 자동차의 정의를 소유하는 자산에서 필요할 때 소비하는 서비스로 바꾸어 놓았다. 이것이 바로 MaaS(서비스로서의 모빌리티)의 핵심이다.

1. MaaS의 정의와 5단계 발전 과정

MaaS는 열차, 버스, 택시, 공유 자전거, 그리고 자율주행 로보택시에 이르기까지 모든 이동 수단을 하나의 플랫폼에서 통합하여 최적의 경로와 결제 서비스를 제공하는 것을 의미한다. MaaS의 성숙도를 보통 5단계로 분류한다.

(1) Level 0 (통합 없음)

각 이동 수단이 독립적으로 운영되는 상태 (예: 버스 앱 따로, 택시 앱 따로 사용)

(2) Level 1 (정보의 통합)

최적 경로와 요금 정보를 한 번에 보여주는 상태 (예: 구글 맵, 카카오맵의 경로 찾기)

(3) Level 2 (예약 및 결제의 통합)

여러 수단을 한 번에 예약하고 결제하는 상태 (예: 카카오T의 기차+택시 통합 예약)

(4) Level 3 (서비스 범위의 통합)

구독 모델이나 패키지 요금이 도입되어 개인의 이동 전체를 책임지는 단계

(5) Level 4 (정책 및 도시 계획의 통합)

국가와 지자체가 데이터 공유를 통해 도시 전체의 교통 효율을 최적화하는 최종 단계

2. 자율주행이 완성하는 MaaS의 마지막 조각

현재의 MaaS(카헤일링 등)는 운전기사라는 인건비 비중이 전체 비용의 약 70~80%를 차지한다. 이 때문에 소유보다 서비스 이용 비용이 여전히 높지만 레벨 4 자율주행(로보택시)이 도입되면 이야기는 달라진다.

(1) 비용의 급락

인건비가 사라지면 이동 비용이 대중교통 수준으로 낮아집니다. 차를 사서 유지비와 보험료를 내는 것보다 로보택시를 구독하는 것이 훨씬 저렴한 시대가 도래하는 것이다.

(2) 이용의 편의성

내가 부르면 차가 집 앞까지 오고, 목적지에 내리면 차는 스스로 다음 승객에게 이동하거나 충전소로 향하고 주차 걱정이 사라지는 순간, 자동차 소유의 필요성은 급격히 낮아지게된다.

3. 구매에서 구독으로의 비즈니스 전환

MaaS 시대에 자동차 기업들은 차를 팔아 수익을 남기는 구조에서 벗어나, 소프트웨어와 이동 경험을 파는 구독 서비스에 집중하게 된다.

(1) 차량 구독 서비스

매달 일정액을 내고 상황에 따라 세단, SUV, 혹은 고성능 스포츠카를 골라 타는 모델이 확산할 것이다.

(2) 소프트웨어 업데이트(OTA)

테슬라의 FSD(Full Self-Driving) 구독 모델처럼, 차량의 지능을 업그레이드하기 위해 매달 비용을 지불하는 형태가 보편화된다.

(3) 데이터 기반의 새로운 수익

이동 중 승객이 소비하는 콘텐츠, 광고, 쇼핑 데이터를 활용한 2차 비즈니스가 제조사의 주 수익원이 된다.

4. 사회적 임팩트: 주차장이 사라진 도시

MaaS가 안착하면 도시의 풍경이 바뀌게 되고 개인 소유 차량이 줄어들면 도심 면적의 20~30%를 차지하던 주차 공간이 공원이나 주거지로 전환될 수 있다. 부동산 가치의 변화와 도시 재생으로 이어지는 거대한 사회적 선택의 결과가 될 것이다.

12.2 물류와 유통의 혁명: 자율주행 트럭과 라스트마일 배송

자율주행 기술이 가장 먼저 수익을 창출하고 상용화될 분야로 자율주행 트럭과 라스트 마일 배송이 될 수 있다. 복잡한 도심보다 변수가 적은 고속도로를 주로 이용하며, 인건비 절감과 운영 효율이 즉각적으로 수치화되기 때문이다.

1. 미들 마일(Middle Mile)의 혁신

자율주행 트럭물류 센터와 센터 사이를 잇는 장거리 간선 운송은 자율주행 트럭이 책임지게 된다.

(1) 군집 주행(Platooning)

선두 트럭이 자율주행으로 길을 열면, 뒤따르는 트럭들이 공기 저항을 최소화하며 일정한 간격으로 따라가는 기술이며, 연료비를 10~15% 이상 절감하며 탄소 배출을 줄이는 효과를 가져온다.

(2) 무중단 운영

인간 운전자는 법적 휴게 시간을 준수해야 하지만, 자율주행 트럭은 연료 보충 시간 외에는 24시간 주행이 가능하며, 배송 시간을 획기적으로 단축하게 된다.

(3) 고령화와 인력난 해소

전 세계적으로 심화되는 대형 트럭 운전사 부족 문제를 해결할 유일한 대안으로 평가받고 있다.

2. 라스트 마일(Last Mile)의 해결사

배송 로봇과 드론물류 센터에서 고객의 집 앞까지 도달하는 마지막 구간인 라스트 마일은 전체 물류 비용의 약 50% 이상을 차지하는 가장 비효율적인 구간이다.

(1) 자율주행 배송 로봇

보도를 따라 이동하는 소형 로봇(예: 스타쉽 테크놀로지, 아마존 스카우트)이 음식이나 소형 택배를 배달하는데 고층 빌딩 내부에서 층간 이동을 하는 실내 배송 로봇도 이 범주에 포함된다.

(2) 드론 배송

교통 체증이 심한 도심이나 접근이 어려운 도서 산간 지역에 드론을 활용해 즉시 배송을 실현 가능하다.

(3) DaaS(Delivery as a Service)

자율주행 셔틀 자체가 움직이는 편의점이나 택배 보관함이 되어 고객이 원하는 장소로 이동하는 새로운 서비스 형태가 등장할 것으로 보인다.

3. 물류 자율주행의 핵심 기술: 군집 주행과 원격 제어

물류 자율주행은 단순히 차가 스스로 가는 것을 넘어, 전체 물류 시스템과의 동기화가 중요하다.

기술 요소	설명	효과
V2X 통신	차량과 인프라, 차량 간 실시간 데이터 공유	사고 예방 및 군집 주행 안정성 확보
원격 모니터링	비상 상황 시 관제 센터에서 원격 조종	사고 위험 최소화 및 신뢰도 향상
스마트 웨어하우스	자율주행 로봇(AMR)과 자동 분류 시스템	상하차 시간 단축 및 물류 흐름 최적화

4. 유통 구조의 변화: 주문 후 배송에서 예측 배송으로

자율주행 물류망이 촘촘해지면 유통의 패러다임이 바뀌게 되고 빅데이터로 고객의 수요를 예측하고, 자율주행 트럭이 미리 물건을 싣고 고객 근처를 배회하다가 주문이 들어오는 즉시 배송하는 예측 기반 물류가 가능해진다. 이는 재고 관리의 혁명을 의미하기도 하다.

자율주행차는 본질적으로 전기차일 때 기술적 완성도가 가장 높다. 복잡한 기계식 엔진보다 전기 모터와 배터리 시스템이 제어의 정밀성과 소프트웨어 통합 면에서 유리하기 때문이다. 이러한 결합은 에너지 인프라와 만나 거대한 시너지를 창출하게 된다.

1. 무인 충전(Autonomous Charging): 플러그 인의 해방

자율주행 기술은 충전의 번거로움을 완전히 제거 할 수 있다. 운전자가 직접 커넥터를 꽂을 필요가 없는 시대가 도래하고 있다.

(1) 무선 충전(Wireless Charging)

도로 바닥에 설치된 자기 유도 코일을 통해 주차만으로도 충전이 시작되고 있으며 최근에는 주행 중 충전이 가능한 무선 충전 도로 기술도 실증 단계에 있다.

(2) 로봇 충전 팔(Robotic Charging Arm)

테슬라의 스네이크 차저처럼 로봇 팔이 차량의 충전구를 스스로 찾아 연결하는데 기존 유선 충전 인프라를 그대로 활용하면서도 완전한 무인화를 가능케 한다.

(3) 자율 발렛 충전(AVP with Charging)

목적지에 도착한 차가 승객을 내려준 뒤, 스스로 충전소로 이동해 충전을 마치고 다시 주차 구역으로 돌아오는 시스템이다.

2. ESS(에너지 저장 장치): 충전소의 심장이자 그리드의 완충지대

급속 충전 수요가 몰리면 전력망에 큰 부하가 걸리게 되는데 해결하는 핵심 기술이 바로 ESS이다.

(1) 피크 쉐이빙(Peak Shaving)

전력 요금이 저렴한 심야에 ESS에 전기를 저장했다가, 낮 시간대 충전 수요가 급증할 때 이를 공급하여 전력망의 과부하를 방지한다.

(2) 초급속 충전 지원

그리드(Grid) 용량이 부족한 지역에서도 ESS에 미리 모아둔 에너지를 사용하여 수백 kW급의 초급속 충전을 가능하게 한다.

(3) 화재 안전 시스템

최근에는 AI 기반의 상태 진단 기술이 적용된 H-ESS(High-power ESS) 등이 개발되어 다중 충전 시 발생할 수 있는 화재 리스크를 실시간으로 관리한다.

3. V2G(Vehicle to Grid): 움직이는 에너지 저장 장치

자율주행차는 멈춰 있을 때도 가치를 창출하며, 자율주행 함대(Fleet)는 거대한 가상 발전소(VPP) 역할을 수행한다.

(1) 에너지 역전송

전력 사용량이 많은 피크 시간대에 자율주행차들이 스스로 그리드에 연결되어 배터리의 남은 전력을 판매한다.

(2) 이동형 ESS

재난 상황이나 전력이 부족한 지역으로 자율주행차가 이동하여 전력을 공급하는 이동형 에너지 거점 역할을 수행할 수 있다.

4. 배터리 순환 경제: Second-life 배터리의 활용

자율주행 전기차에서 퇴역한 배터리는 여전히 70~80%의 성능을 유지한다.

(1) 재사용(Reuse) ESS

차량용으로 수명을 다한 배터리를 수거하여 충전소용 ESS로 재구성하는데 충전 인프라 구축 비용을 약 25~50% 절감하는 동시에 환경 오염을 줄이는 순환 경제를 완성하게 된다.

1. 테슬라 FSD와 GM 슈퍼 크루즈의 비교

① 테슬라 FSD v14.1.4 (Full Self-Driving) 미국등 세계 7번째로 한국에 출시되며 2023년형 모델S와 X부터 적용되는데 소프트웨어는 무선 소프트웨어 업데이트 (OTA)방식으로 배포하며, 국내에서 감독형 FSD를 사용할 수 있는 차량은 약 900대로 추정된다.

테슬라 FSD는 범용성과 포괄적 기능 감독형(Supervised) 레벨 2로 분류 되지만, 시내 도로에서의 자동 조향, 교차로 통과 등 사실상 레벨 3에 준하는 광범위한 기능을 제공한다. 특히 고정밀 지도에 의존하지 않고 오직 카메라 기반의 딥러닝 시스템으로 작동하여 범용성이 높다.

이 때문에 한국에서는 고정밀 지도 데이터의 해외 반출 제한 문제와, 차량의 자율적 판단을 허용하는 현행 법규와의 충돌 소지가 제기되어 왔으며, 최근 정부가 자기 인증제를 통해 FSD의 국내 적용 가능성을 열어주면서 상륙이 현실화되었다.

② FSD의 가장 큰 장벽은 [지도 데이터 반출 및 기능 제한] 이다.

FSD의 핵심은 방대한 운행 데이터를 통합 학습하여 성능을 고도화하는 데 있는데 한국은 국가 안보 등을 이유로 정밀 지도 데이터의 해외 반출을 엄격히 제한하고 있어, 테슬라가 본사 서버에서 한국 데이터를 통합 학습하는 것이 사실상 불가능해졌다. 이 때문에 FSD는 국내에서 제한적인 Level 2 수준으로만 기능할 가능성이 높으며, 미국에서와 같은 완전한 FSD 기능으로 운전자의 개입 없이 차량이 스스로 신호등을 인식하고 복잡한 교차로를 통과하는 등 현행 법규에 저촉될 가능성이 높을 것도 사실이다.

Level 3의 책임 소재는 규제 완화의 핵심이 될 듯하다. 자율주행 레벨 3부터는 시스템이 운전의 주체가 되고, 시스템 오류 시의 사고 책임이 제조사로 넘어가기 때문이다.

한국은 이미 Level 3에 대한 안전 기준을 마련하고 있지만, 글로벌 Level 2+ 기술들이 Level 3의 경계를 넘나들면서 책임 소재에 대한 법적 준비가 지속적으로 필요하며 정부는 Level 4 상용화에 대비해 무인 운행 시 교통사고 책임 주체 및 형사/행정 제재 대상을 명확히 하는 법제 정비를 추진하고 있다.

테슬라의 FSD(Full Self-Driving)는 현재 한국의 자동차관리법 및 그 하위 규정인 [자동차 및 자동차부품의 성능과 기준에 관한 규칙] 등의 법적 틀 내에서 심도 깊은 규제를 받고 있다.

테슬라 FSD는 기술적으로 Level 2로 분류되며, 운전자가 항상 전방 주시 의무를 유지하고, 시스템이 요청할 때 즉시 운전 조작 권한을 인계받아야 하는 첨단 운전자 보조 시스템(ADAS)입니다.

③ FSD라는 명칭은 Level 3(조건부 자율주행, 특정 조건에서 운전자의 개입 불필요) 이상을 암시한다. 자동차관리법이 추구하는 [기술 수준에 맞는 정확한 정보 제공] 의무와 충돌하며, 소비자를 오인하게 할 경우 표시광고법 위반으로 이어질 수 있다.

FSD는 Level 3 인증을 받지 않는 한, 시스템이 아무리 복잡하게 작동해도 법적으로는 Level 2로 취급되어 사고 발생 시 운전자가 최종 책임을 지게 되며 기준에 관한 규칙 등의 법적 틀 내에서 심도 깊은 규제를 받고 있다.

테슬라의 OTA 업데이트는 차량의 성능 및 안전 기능을 원격으로 변경할 수 있게 하지만, 이는 한국의 법적 체계 내에서 다음과 같은 주요 쟁점을 발생시킬 수 있다.

OTA의 핵심 기능은 자동차관리법상 [자동차의 성능 및 안전에 영향을 미치는 변경 행위]로 해석될 수 있으며, 특히 안전 관련 문제 발생 시 [결함 시정(리콜)] 절차와 연계된다. 만약 소프트웨어 버그가 차량의 안전 운행에 지장을 주는 결함으로 인정될 경우, 테슬라는 이를 의무적으로 시정해야 한다.

OTA는 물리적인 수리가 필요 없는 소프트웨어 결함을 시정하는 효율적인 리콜 수단으로 활용되며 제조사는 OTA를 통해 안전 관련 결함을 시정할 경우, 해당 사실을 국토교통부(MOLIT)에 보고하고 공식 리콜 절차를 준수해야 한다. 즉, OTA는 제조사가 임의로 진행하는 것이 아니라 법적 절차를 거쳐야 하는 [공식 리콜 행위]의 일부로 간주되기 때문이다.

2. 한국 자율주행의 현주소

한국은 정부 주도하에 2027년 Level 4 상용화를 목표로 속도를 내고 있다.

국토교통부와 관계 부처는 약 11조 원 규모의 예산을 투입하여 Level 4 자율주행 기술 개발 혁신 사업을 공동 추진 중이며, 미국 샌프란시스코나 중국 우한과 같이 도시 전체를 실증 구역으로 지정하는 [자율주행 실증도시]를 2026년까지 조성하여 대규모 데이터 축적 및 기술 검증에 나서게 된다.

또한 자율주행 R&D를 위해 원본 영상 데이터 활용을 허용하는 등 [데이터 규제]를 완화하여 자율주행 인식 정확도를 최대 25%까지 높일 계획이다. 임시 운행 허가 규정을 통해 이미 무인 운행 실증을 5개 기업/기관에서 진행하고 있으며, Level 4를 위한 [선 허용, 후 관리] 체계를 구축하고 있다.

3. 각 제조사별 기술적 차이

① 테슬라 (Tesla) 테슬라는 카메라만을 사용하는 비전(Vision) 방식을 고수하며 고가의 라이다(LiDAR) 없이 인공지능 신경망과 방대한 주행 데이터를 기반으로 하며, 전 세계에 판매된 차량을 통해 데이터를 수집하는 것이 가장 큰 강점이다.

② GM 크루즈 (GM Cruise) 크루즈는 라이다, 레이더, 카메라를 모두 사용하는 정밀 센서 융합 방식을 사용한다. 주로 특정 지역(지오펜싱) 내에서 운행되는 로보택시 서비스에 집중하며, 높은 정밀도를 가진 고정밀 지도(HD Map)를 기반으로 레벨 4 수준의 자율주행을 지향한다.

③ 한국 자율주행 (현대자동차 등) 현대자동차 그룹은 센서 융합(라이다+카메라) 방식을 기본으로 하며, 양산차에는 레벨 3 기술인 HDP(Highway Driving Pilot)를 적용하고 있다. 동시에 포티투닷(42dot),모셔널 등을 통해 로보택시용 소프트웨어를 개발하며 하드웨어와 소프트웨어의 통합을 추진하고 있다.

[참고] 각 제조사별 비교

구분	테슬라(Tesla)	GM 크루즈(Cruise)	한국(현대차/42dot)
핵심 철학	Pure Vision (카메라 기반 AI)	Sensor Fusion (정밀 센서 중심)	Hybrid Fusion(제조+SW 통합)
하드웨어	카메라 8대 (라이다 미사용)	라이다, 레이더, 카메라, HD맵	라이다(선택적), 레이더, 카메라
주요 방식	신경망 기반 사물 인식 및 판단	고정밀 지도 기반의 안전 주행	센서 융합 및 SDV (소프트웨어 중심 차)
자율주행 단계	레벨 2 (FSD, 운전자 개입 필요)	레벨 4 (특정 구역 무인 로보택시)	레벨 2~3 (양산차 HDP 적용)
데이터 확보	전 세계 양산차의 실전 주행 데이터	특정 지역 테스트 차량 집중 데이터	양산차 데이터 및 규제 샌드박스 실증
강점	압도적인 데이터량과 AI 학습 속도	높은 안전성 및 상업용 서비스 선점	뛰어난 차량 제조 기반 및 하이브리드 전략

1. 인지 및 센싱 (Sensing & Perception)

Calibration(캘리브레이션)
여러 센서의 좌표축을 하나로 맞추거나(Extrinsic), 센서 자체의 오차를 교정(Intrinsic)하는 작업이다. (비유: 안경 도수를 맞추거나 영점을 잡는 과정)

Computer Vision(컴퓨터 비전)
카메라 영상을 분석해 사물을 식별하는 인공지능 기술이다.

Cooperative Perception(CP, 협력 인지)
내 차의 센서뿐만 아니라 주변 차량이나 도로 인프라(C-ITS)로부터 받은 데이터를 합쳐 사각지대를 없애는 기술이다.

FOV(Field of View, 시야각)
센서가 한 번에 감지할 수 있는 각도 범위이다.

False Negative(오검출)
장애물이 있는데 없다고 판단하는 경우이다.(충돌의 원인).

False Positive(미검출)
장애물이 없는데 있다고 판단하는 경우이다.(유령 제동의 원인).

GNSS(Global Navigation Satellite System, 글로벌 위성 항법 시스템)
GPS(미국)를 포함해 글로나스(러시아), 갈릴레오(유럽) 등 모든 위성 항법 시스템을 통칭하며 자율주행에서는 오차를 cm 단위로 줄인 RTK-GNSS 기술이 필수적이다.

Ground Truth(그라운드 트루스)
인공지능 모델을 학습시키거나 평가할 때 사용하는 정답 데이터이다.

HD Map(High Definition Map, 고정밀 지도)
차선 단위 정보를 담은 오차 범위 10~20cm 이내의 초정밀 지도이다.

IMU(Inertial Measurement Unit, 관성 측정 장치)
가속도계와 자이로스코프를 결합하여 차량의 기울기, 회전, 가속 정도를 측정합니다. GPS 신호가 끊긴 터널 등에서도 짧은 시간 동안 위치를 추정하게 돕는다.

Instance Segmentation(개별 객체 분할)
같은 '자동차' 범주 내에서도 A 차량과 B 차량을 서로 다른 개체로 분리하여 인식하는 고난도 기술이다.

Latency(레이턴시, 지연 시간)
센서가 데이터를 수집한 후 제어 명령이 내려지기까지 걸리는 시간이며 자율주행에서는 0.1초의 지연도 사고로 이어질 수 있어 매우 중요하다.

LiDAR(Light Detection and Ranging, 라이다)
레이저를 이용해 주변 환경을 3D로 정밀하게 인식하는 센서이다.

Localization(측위)
정밀 지도(HD Map) 내에서 차량의 현재 위치(위도, 경도, 고도)를 정확히 찾아내는 과정이다.

Occlusion(오클루전, 폐색/차폐)
앞차에 가려져 뒤쪽 보행자가 보이지 않는 현상처럼, 물체가 다른 사물에 가려진 상태를 말하며, 자율주행 인지 단계의 난제 중 하나이다.

Odometry(오도메트리)
바퀴의 회전수나 센서 데이터를 바탕으로 출발점으로부터 얼마나 이동했는지 계산하여 위치를 추정하는 방법이다.

Panoptic Segmentation(범주 및 개체 통합 분할)
의미론적 분할과 개별 객체 분할을 합친 개념으로, 배경과 모든 사물을 완벽하게 구분해내는 최종 단계의 분할 기술이다.

Point Cloud(포인트 클라우드)
라이다 센서가 측정한 수만 개의 점 데이터 집합입니다. 이 점들이 모여 물체의 3D 형상을 구성한다.

Proprioceptive vs. Exteroceptive Sensors (심부감각 vs. 외부수용 센서)
* 심부감각: 차량 내부 상태(속도, 조향각, 배터리 등)를 측정하는 센서이다. * 외부수용: 차량 외부 환경(장애물, 차선 등)을 측정하는 센서이다.(라이다, 카메라 등).

RADAR(Radio Detection and Ranging, 레이더)
전자기파를 사용하여 물체의 거리와 속도를 측정하며, 악천후에 강하다.

ROI(Region of Interest, 관심 영역)
전체 영상 데이터 중 주행에 필요한 특정 부분(예: 차선이나 앞차)만을 설정하여 연산 효율을 높이는 영역이다.

SLAM(Simultaneous Localization and Mapping, 슬램)
외부의 도움 없이 실시간으로 지도를 그리면서 동시에 자신의 위치를 파악하는 기술이며 자율주행의 꽃이라 불린다.

Semantic Segmentation(의미론적 분할)
사진의 모든 픽셀을 도로, 인도, 자동차, 보행자 등 범주별로 구분하는 기술이다.

Sensor Fusion(센서 퓨전)
다양한 센서 데이터를 결합하여 인식 성능을 극대화하는 기술이다.

USS(Ultrasonic Sensor, 초음파 센서)
근거리(보통 5m 이내) 장애물을 감지하고 저렴하고 신뢰성이 높아 주로 자동 주차 보조(APA)에 사용된다.

V-SLAM(Visual SLAM)
라이다 대신 오직 '카메라 영상'만을 활용해 수행하는 슬램 기술이다.

2. 판단 및 지능 (Decision & AI)

Artificial Potential Field(인공 전위장)
목표점에는 강력한 인력을, 장애물에는 척력을 설정하여 차량이 에너지가 가장 낮은 경로를 따라 흐르듯 이동하게 만드는 기법이다. 실시간 장애물 회피 시 계산 효율성이 높은 방식으로 평가한다.

DDT (Dynamic Driving Task, 동적 주행 과제)
조향, 가속, 감속 등 주행에 필요한 모든 실시간 동작을 뜻한다.

Deep Learning(딥러닝)
방대한 데이터를 통해 컴퓨터가 스스로 학습하여 판단 능력을 키우는 인공지능 기술이다.

Edge Computing(에지 컴퓨팅)
데이터 처리를 중앙 서버가 아닌 차량 내부(현장)에서 즉시 수행하여 반응 속도를 높이는 기술이다.

Formal Verification(형식 검증)
자율주행 알고리즘이 설계된 사양에 따라 예외 없이 작동함을 수학적으로 증명한다. 딥러닝의 블랙박스 특성을 보완하여 시스템의 안전성을 엄격하게 보증하는 절차로 명시한다.

MDP(Markov Decision Process, 마르코프 결정 과정)

미래의 상태가 현재의 상태와 취해진 행동에 의해서만 결정된다고 가정하는 확률적 모델이다. 불확실성이 존재하는 도로 환경에서 기대 수익을 극대화하는 최적 정책(Policy)을 도출하는 데 사용한다.

Nash Equilibrium(나쉬 균형)

게임 이론의 핵심 개념으로, 다수의 자율주행 차량이 교차로나 합류 지점에서 서로의 전략을 고려할 때 도달하는 최적의 상태를 의미한다. 타 차량의 반응을 예측하여 상호 충돌을 방지하는 전략적 지표로 활용한다.

ODD(Operational Design Domain, 운행 설계 영역)

자율주행 시스템이 작동하도록 설계된 특정 조건(날씨, 장소 등)이다.

OEDR(Object and Event Detection and Response)

주행 중 발생하는 객체 및 사건을 탐지하고 이에 적절히 대응하는 시스템의 전반적인 능력을 평가한다. 자율주행 시스템의 완성도를 측정하는 핵심 지표로 활용한다.

POMDP(Partially Observable Markov Decision Process)

주변 환경의 모든 정보를 완벽하게 알 수 없는 상황(예: 가려진 보행자)을 가정한다. 관측 데이터의 불확실성을 확률적으로 보정하며 의사결정을 수행하는 상위 단계의 모델로 평가한다.

Polynomial Curvature(다항 곡률)

차량의 조향 한계와 승차감을 고려하여 궤적을 3차 혹은 5차 다항식으로 구성한다. 이를 통해 급격한 핸들 조작 없이 부드러운 차선 변경과 코너링을 구현하는 공학적 토대를 제공한다.

SAE Levels(Society of Automotive Engineers Levels, 자율주행 단계)

미국자동차공학회에서 분류한 자율주행 0~5 단계를 의미한다.

Safety Envelope(안전 엔벨로프)

차량이 물리적으로 안전을 확보할 수 있는 최소한의 영역을 설정한다. 인공지능의 판단이 이 영역을 벗어나려 할 경우, 시스템이 강제로 개입하여 충돌을 방지하는 최후의 안전 경계선으로 정의한다.

Semantic Map Integration

정밀 지도(HD Map)의 기하학적 정보에 스쿨존, 사고 다발 지역 등 의미론적(Semantic) 정보를 결합한다. 인공지능이 법규와 사회적 맥락을 고려하여 주행 속도와 주의 수준을 스스로 조절하도록 명시한다.

Social Force Model(사회적 힘 모델)

보행자의 움직임을 단순한 물리적 이동이 아닌, 목적지를 향한 인력(Attractive Force)과 장애물 및 타인에 대한 척력(Repulsive Force)의 합으로 해석한다. 이를 통해 복잡한 보도 주변에서 보행자의 의도를 정밀하게 예측한다.

Trajectory Optimization(궤적 최적화)

차량의 시작점과 목표점 사이에서 안전성, 승차감(Jerk 최소화), 에너지 효율 등을 목적 함수(Objective Function)로 설정한다. 수학적 제약 조건을 만족하는 가장 매끄러운 궤적을 산출하는 과정을 수행한다.

Transformer in Motion Prediction

자연어 처리에서 사용되던 트랜스포머 구조를 주행 데이터 분석에 도입한다. 과거의 주행 궤적 정보를 시간적 선후 관계에 따라 분석하여, 주변 차량의 미래 경로를 장기적으로 예측하는 성능을 강화한다.

VLA(Vision-Language-Action)

시각-언어-행동 모델. 엔비디아 알파마요 등에 쓰이는 차세대 AI로, 시각 정보와 언어적 이해를 바탕으로 행동을 결정한다.

3. 통신 및 인프라 (Connectivity & Infrastructure)

ADASIS(ADAS Interface Specification)

지도 데이터와 차량의 ADAS 시스템 간 통신을 위한 표준 인터페이스이다. 전방의 도로 경사, 곡률 등의 정보를 차량 제어기에 미리 전달하여 연료 효율과 안전성을 높이는 데 기여한다.

C-V2X(Cellular Vehicle-to-Everything)

셀룰러 이동통신망(LTE/5G)을 기반으로 한 차량 통신 기술이다. 기지국을 거치는 V2N 통신뿐만 아니라, 기지국 없이 차량 간 직접 통신(PC5 인터페이스)이 가능하다는 점을 기술적 특징으로 명시한다.

DDS(Data Distribution Service)

차량 내부 센서 데이터나 V2X 데이터를 실시간으로 분산 배포하는 미들웨어 규격이다. 데이터의 우선순위를 정해 전송함으로써 자율주행 시스템의 실시간 반응 속도를 극대화하는 표준으로 활용한다.

Digital Twin(디지털 트윈)

현실의 도로 환경을 가상 세계에 동일하게 복제하여 테스트하는 시뮬레이션 기술이다.

MEC(Multi-access Edge Computing)

데이터를 중앙 클라우드 서버가 아닌 차량과 가까운 기지국(Edge)에서 즉시 처리하는 기술이다. 초저지연 데이터 처리를 통해 돌발 상황에 대한 대응 시간을 단축시키는 자율주행 통신의 필수 요소로 명시한다.

NDS(Navigation Data Standard)

전 세계 완성차 및 지도 업체들이 공동으로 개발한 표준 지도 데이터 포맷이다. 서로 다른 시스템 간의 데이터 호환성을 확보하고 효율적인 정밀 지도 업데이트를 가능케 하는 표준 규격으로 명시한다.

NR-V2X(New Radio V2X)

5G 기반의 차세대 V2X 규격이다. 초고신뢰·저지연 통신(uRLLC)을 통해 대용량의 센서 데이터를 실시간으로 공유하고, 군집 주행(Platooning) 시 정밀한 간격 제어를 가능케 하는 핵심 인프라로 정의한다.

Network Slicing(네트워크 슬라이싱)

하나의 물리적 5G 네트워크를 가상의 여러 망으로 쪼개어 사용하는 기술이다. 자율주행 관제에는 고신뢰 망을, 인포테인먼트에는 고대역폭 망을 할당함으로써 서비스별 맞춤형 통신 품질(QoS)을 보장한다.

OTA(Over-the-Air, 무선 업데이트)

서비스 센터 방문 없이 무선으로 차량 소프트웨어를 업데이트하는 기능이다.

PKI(Public Key Infrastructure, 공개키 기반구조)
암호화 기술을 통해 데이터의 위·변조를 방지하는 보안의 근간이다. 자율주행 시스템 내에서 차량 간 신뢰를 구축하기 위한 디지털 인감 증명 체계로 정의한다.

RTK(Real-Time Kinematic)
지상의 기준국(Base Station) 정보를 활용해 위성 항법 시스템(GNSS)의 오차를 cm 단위로 보정하는 기술이다. 자율주행 차량이 자신의 정확한 차로 위치를 파악하는 데 결정적인 역할을 수행한다.

SCMS(Security Credential Management System)
V2X 통신 환경에서 메시지의 발신자가 정당한 권한을 가진 차량인지 검증하는 보안 인증 체계이다. 익명성을 보장하면서도 해킹된 차량이나 비정상 메시지를 차단하는 방어 기제로 명시한다.

SDV(Software Defined Vehicle, 소프트웨어 중심 자동차)
소프트웨어가 차량의 핵심 가치와 성능을 결정하는 자동차이다.

Telematics(텔레매틱스)
자동차와 무선 통신을 결합해 정보와 서비스를 제공하는 시스템이다.

V2N2V(Vehicle-to-Network-to-Vehicle)
차량이 네트워크(클라우드)를 거쳐 다른 차량과 통신하는 방식이다. 직접 통신(V2V)보다 넓은 범위의 교통 정보를 수집하고 분석하는 데 유리한 구조로 평가한다.

V2X(Vehicle to Everything, 차량-사물 통신)
차량이 인프라(V2I), 다른 차량(V2V), 보행자(V2P) 등과 통신하는 기술이다.

WAVE(Wireless Access in Vehicular Environments)
근거리 전용 무선통신(DSRC) 기술의 일종으로, IEEE 802.11p 표준을 기반으로 한다. 빠른 이동 속도에서도 안정적인 연결이 가능하여 자율주행 초기 인프라의 중추적 역할을 수행해 온 기술로 평가한다.

4. 안전 및 제어 (Safety & Control)

ADAS(Advanced Driver Assistance Systems, 첨단 운전자 보조 시스템)
운전자의 안전을 돕는 보조 기능(차선 이탈 방지 등)의 총칭이다.

ASIL(Automotive Safety Integrity Level, 차량 안전 무결성 수준)
자동차 전자 시스템의 위험도를 등급화한 국제 안전 표준(ISO 26262)이다.

AUTOSAR(Automotive Open System Architecture)
차량용 소프트웨어의 재사용성과 확장성을 높이기 위해 글로벌 제조사들이 공동으로 제정한 표준 소프트웨어 플랫폼 구조이다. 복잡해지는 자율주행 소프트웨어를 계층화하여 관리함으로써 시스템 전체의 신뢰성을 확보하는 기반이 된다.

DSSAD(Data Storage System for Automated Driving)

자율주행 시스템의 작동 상태와 운전자의 개입 여부를 실시간으로 기록하여 저장하는 장치로 정의한다. 사고 발생 시 또는 특정 주행 상황에서 자율주행 시스템이 주행을 제어하고 있었는지, 아니면 운전자가 제어권을 가지고 있었는지를 명확히 판별하여 책임 소재를 규명하는 것을 주된 목적으로 한다.

Fail-Operational(고장 작동)

시스템의 핵심 부품에 고장이 발생하더라도 즉시 멈추지 않고, 백업 시스템을 가동하여 최소한 안전한 장소까지 자율주행 기능을 유지하는 설계 철학이다. 레벨 4 이상의 완전 자율주행을 위한 필수 요건으로 평가한다.

Fail-Safe(고장 안전)

고장 발생 시 시스템을 즉시 정지시키거나 안전한 상태(Safe State)로 전환하여 2차 사고를 방지하는 설계 방식이다. 운전자가 즉시 개입할 수 있는 레벨 2~3 단계에서 주로 채택하는 안전 전략으로 정의한다.

HARA(Hazard Analysis and Risk Assessment, 위험원 분석 및 리스크 평가)

시스템의 잠재적 위험 요소를 식별하고, 사고의 심각도(Severity), 노출 빈도(Exposure), 통제 가능성(Controllability)을 결합하여 위험 수위를 정량적으로 평가하는 절차이다.

ISO 26262(Functional Safety, 기능 안전)

차량에 탑재된 전기·전자 시스템의 고장으로 인해 발생할 수 있는 사고를 방지하기 위한 국제 표준이다. 개념 단계부터 폐기 단계까지 제품 수명 주기 전반에 걸친 안전 관리 프로세스를 규정한다.

PID Control(Proportional-Integral-Derivative Control)

목표값과 현재값의 오차를 기반으로 비례, 적분, 미분 요소를 결합해 제어값을 산출하는 고전적인 피드백 제어 방식이다. 자율주행에서는 주로 종방향 속도 유지나 부드러운 가감속 구현에 활용한다.

Platooning(플래투닝, 군집 주행)

여러 대의 차량이 통신으로 연결되어 기차처럼 줄지어 달리는 기술이다.

Pure Pursuit(순수 추적)

차량의 뒷바퀴 중심을 기준으로 전방의 특정 목표점(Look-ahead point)을 설정하고, 해당 지점에 도달하기 위한 곡률을 계산하여 조향각을 제어하는 방식이다. 기하학적으로 단순하여 실시간 연산에 유리한 알고리즘으로 명시한다.

Redundancy(리던던시, 이중화)

시스템 고장 시를 대비해 제동, 조향 등을 이중으로 설계하는 백업 시스템이다.

SOTIF(Safety of the Intended Functionality, ISO 21448)

시스템 고장이 없더라도 센서의 성능 한계나 주변 환경의 복잡성으로 인해 발생하는 위험을 다룬다. 인공지능 알고리즘의 불확실성이 존재하는 자율주행 기술에서 기능 안전(ISO 26262)을 보완하는 필수 규격으로 평가한다.

Stanley Controller(스탠리 제어기)

차량의 앞바퀴 중심을 기준으로 경로와의 횡방향 오차와 헤딩 오차를 동시에 보정하는 제어 기법이다. 속도에 따른 가변 이득을 활용하여 고속 주행 시에도 안정적인 경로 추종 성능을 제공하는 것으로 정의한다.

Torque Vectoring(토크 벡터링)

각 바퀴에 전달되는 구동력을 독립적으로 제어하여 차량의 회전 성능과 주행 안정성을 높이는 기술이다. 자율주행 차량이 급격한 회피 기동을 수행할 때 전복을 방지하고 궤적을 유지하는데 기여한다.

Watchdog Timer(워치독 타이머)

주 프로세서가 정상적으로 작동하는지 실시간으로 감시하는 하드웨어 회로이다. 시스템이 무한 루프에 빠지거나 멈췄을 경우 이를 감지하여 강제로 리셋하거나 비상 모드로 전환하는 파수꾼 역할을 수행한다.

X-by-Wire(엑스-바이-와이어)

조향(Steer), 제동(Brake) 등 과거 기계적 연결(케이블, 유압)로 작동하던 시스템을 전기 신호와 모터로 대체하는 기술이다. 시스템 설계의 유연성을 높이고 자율주행 컴퓨터와의 통합 제어를 용이하게 하는 핵심 하드웨어 아키텍처로 명시한다.

5. 모빌리티 생태계 (Mobility Ecosystem)

MaaS(Mobility as a Service, 서비스로서의 모빌리티)

모든 이동 수단을 하나의 플랫폼에서 구독하거나 결제하여 이용하는 통합 서비스이다.

6. 자율자동차의 소프트웨어

ROS(Robot Operating System)

로봇 및 자율주행 소프트웨어 개발에 표준적으로 사용되는 오픈소스 미들웨어이다. (현재는 안정성이 강화된 ROS 2가 주류이다.)

SDK(Software Development Kit)

자율주행 기능을 구현하기 위해 제공되는 소프트웨어 개발 도구 모음이다.(NVIDIA DRIVE SDK)

7. 자율주행차의 하드웨어

Automotive Ethernet

차량용 이더넷. 고해상도 카메라와 LiDAR의 대용량 데이터를 전송하기 위해 기존 CAN 통신보다 수백 배 빠른 속도를 제공하는 차세대 통신 표준이다.

BMS(Battery Management System)

배터리 관리 시스템. 전기차 기반 자율주행차에서 전력 공급의 핵심이 되는 배터리의 상태를 모니터링하고 제어한다.

CAN(Controller Area Network)

차량용 통신 프로토콜. ECU 간 데이터를 주고받는 표준 방식으로, 현재는 고속 통신을 위해 CAN-FD (Flexible Data-rate)로 진화했다.

ECU(Electronic Control Unit)

전자 제어 유닛. 자동차의 각 기능을 제어하는 독립적인 컴퓨터 모듈이며 자율주행차는 수백 개의 ECU를 소수의 강력한 고성능 컴퓨터로 통합하는 방향으로 발전하고 있다.

FPGA(Field Programmable Gate Array)
프로그래밍 가능한 반도체. 설계 변경이 유연하여 센서 데이터의 전처리나 새로운 알고리즘 테스트용으로 주로 사용됩니다.

GPU(Graphics Processing Unit)
그래픽 처리 장치. 대규모 병렬 연산을 통해 센서로부터 들어오는 방대한 이미지 데이터를 실시간으로 처리한다.

HPC(High-Performance Computing)
고성능 컴퓨팅. 자율주행 레벨 4 이상에서 요구되는 초당 수백~수천조 번의 연산을 수행하는 차량용 중앙 컴퓨터 서버를 의미한다.

IVN(In-Vehicle Network)
차량 내부 네트워크. 차량 내 하드웨어 간의 통신망을 총칭을 말한다.

MCU(Micro Controller Unit)
마이크로 컨트롤러. 조향, 제동 등 차량의 하위 시스템을 직접 제어하는 반도체이며 최근엔 통합 SoC가 이를 관리하는 구조로 변하고 있다.

NPU(Neural Processing Unit)
신경망 처리 장치. 인공지능 알고리즘(딥러닝) 연산에 최적화된 가속기이다.

PCIe(Peripheral Component Interconnect Express)
SoC와 주변 장치(SSD, 고속 통신 칩 등) 간의 초고속 데이터 전송 인터페이스이다.

Redundancy(이중화)
특정 하드웨어가 고장 나더라도 시스템이 멈추지 않도록 핵심 부품(전원, 통신, 센서 등)을 중복 설계하는 것을 말한다.

SoC(System on Chip)
시스템 온 칩. 엔비디아의 Thor나 모빌아이의 EyeQ처럼 하나의 칩에 자율주행에 필요한 연산 기능을 집적한 부품이다.

1. Xiang, J. and Guo, L., "Comfort Improvement for Autonomous Vehicles Using Reinforcement Learning with In-Situ Human Feedback," SAE Technical Paper 2022-01-0807, 2022.

2. Holden, G., Aspin, Z., Monroe, J., McInnis, D. et al., "Accelerating Autonomous Vehicle Development and Evaluation with the VANE Simulation Tool Suite," SAE Technical Paper 2024-01-4102, 2024.

3. Joshi, A., "Powertrain and Chassis Hardware-in-the-Loop (HIL) Simulation of Autonomous Vehicle Platform," SAE Technical Paper 2017-01-1991, 2017.

4. 정승환., "자율주행 자동차공학," 골든벨, 2023.

5. 모터팬., "모터팬Vol.31 자율주행의 모든 것," "Chapter1, 자율주행에 대한 기초지식 AI의 역할", "Chapter2 자율주행 로드맵," 골든벨, 2025.

6. 김재휘 편역,정승환 편집., "자율주행차량의 하이테크," "Part01, AI기법을 활용하 지능형 차량의 기본빌딩 블록구축", 골든벨, 2022.

7. Google Gemini, "SF 공상영화 속의 자율주행차," February 6, 2026.

8. 유명식., "자율주행차량 안성성 확보를 위한 카메라와 라이다 융합 연구," 국가R&D연구보고서 2024-03.

9. 이정재., "자율주행자동차 사고시 법적 쟁점에 관한 연구," 한국손해사정학회 학회지 16권 37-72p. 2017.08.

10. 양지현., "적응형 자율주행 인간-차량 인터랙션의 하향식 규범 모델 연구," 국가R&D 연구보고서 2017-05.

11. 빈미영., "자율주행자동차 레벨4 상용화를 위한 해외사례 연구 : 「RoAD to the L4 프로젝트(일본)」를 중심으로," 경기연구원 1 - 91p 2024.8.

12. 김규현.기승도,윤영한, "Lv.4 자율주행자동차 보험제도 관련 법 개정 방안에 관한 연구," 한국자동차안전학회 9-100p 2024.9.

13. AUTOSAR.org, "Adaptive AUTOSAR 아키텍처," February 6, 2026.

문학훈의 이모저모

<이력>

- 공학박사 / 자동차정비 기능장
- 오산대학교 미래전기자동차과 교수
- 소방청 자동차 심의위원
- 한국소비자보호원 자동차 심의위원
- 한국자동차기술인협회 부회장

- 국제기능올림픽선수협회 부회장
- 前) 국토부 자동차 하자. 심의위원
- 한국교통방송Tbn [김경식의 으라차차]
- MBC라디오 [권용주 김다솜의 차카차카]
- MBC, SBS, KBS, jtbc, 연합뉴스, YTN 자동차 전문가 다수출연

<저서>

- Green CAR-친환경 자동차의 모든 것 / (주)골든벨
- 신세대 자동차 기관 문화 / (주)골든벨
- 자동차 정비 기사·산업기사 실기정복 / (주)골든벨
- 모터의 테크놀로지 / (주)골든벨

- 그린자동차실기(엔진편) / (주)골든벨
- 모빌리티 용어대조 핸드북(베트남어) / (주)골든벨
- 자동차정비기사 필기 / (주)골든벨
- 이륜자동차 정비 교과서 / (주)골든벨

<칼럼>

- 교통신문 - 「문학훈 칼럼」
- 매일일보 - 「전문가 기고」

- 화성신문 - 「전문가 칼럼」
- 아시아투데이 - 「전문가 칼럼」

운전은 AI, 진단은 엔지니어

자율주행자동차 A to Z

초 판 인 쇄 | 2026년 3월 16일
초 판 발 행 | 2026년 3월 25일

저   자 | 문학훈
발 행 인 | 김길현
발 행 처 | (주) 골든벨
등   록 | 제 1987－000018호
I S B N | 979－11－24114－37－7
가   격 | 23,000원

(우)04316 서울특별시 용산구 원효로 245(원효로 1가 53-1) 골든벨 빌딩 6F
• TEL : 도서 주문 및 발송 02-713-4135 / 회계 경리 02-713-4137
        편집·디자인 02-713-7452 / 해외 오퍼 및 광고 02-713-7453
• FAX : 02-718-5510   • http ://www.gbbook.co.kr   • E-mail : 7134135@naver.com